2011 THE AWARD-WINNING WORKS OF IDEA-TOPS

2011 艾特奖获奖作品集

国际空间设计大奖艾特奖组委会 编著

天津大学出版社

图书在版编目（C I P）数据

2011 艾特奖获奖作品集：汉英对照 / 国际空间设计大奖艾特奖组委会编著. —天津：天津大学出版社，2012.6

ISBN 978-7-5618-4368-0

Ⅰ. ①2… Ⅱ. ①国… Ⅲ. ①空间设计－作品集－世界－现代 Ⅳ. ①TU206

中国版本图书馆 CIP 数据核字 (2012) 第 116614 号

出版发行　天津大学出版社
出 版 人　杨欢
责任编辑　朱玉红
地　　址　天津市卫津路 92 号天津大学内（邮编：300072）
电　　话　发行部：022-27403647 邮购部：022-27402742
网　　址　www.tjup.com
印　　刷　深圳市彩美印刷有限公司
经　　销　全国各地新华书店
开　　本　285mm×285mm
印　　张　24
字　　数　232 千
版　　次　2012年6月第1版
印　　次　2012年6月第1次

主编单位：国际空间设计大奖艾特奖组委会
合作单位：香港建筑科学出版社　深圳市博远空间文化发展有限公司
总 策 划：深圳市东方辉煌文化传播有限公司
统筹策划：赵庆祥　向　莉　张　菊　梁贻攀
装帧设计：HKASP　王代超
文字翻译：夏丽娟　罗小敏
定　　价：人民币328.00元

Here,

这里是

the show stage of the world's top-level

全球顶尖级设计作品的

design works

展示舞台

Here,

这里是

the exchange and collision platform of

中西方设计

Chinese and Western

思想碰撞交流的

design idea

平台

From here,

从这里出发

you can step into China

你可以进入中国

From here,

从这里出发

you can go to the world

你可以走向世界

...

……

中国设计已到了一个重要的转折期

Chinese Design has Stepped into An Important Cross.

设计就是创造一种生活方式。虽然可以用“波澜壮阔”与“疾风暴雨”来形容中国室内设计30多年来的迅猛发展，但是距离设计的本质目标尚有相当大的差距。

在建筑内部空间，以满足人的使用与审美需求进行的环境设计称为室内设计。其作为建筑设计的组成部分，以创造实用、舒适、美观、愉悦的室内物理与视觉环境为主旨。空间规划、构造装修、陈设装饰是室内设计的主要内容：通过建筑平面设计与空间组织、建筑构造与人工环境系统专业协调、构件造型与界面（地面、墙面、顶棚、柱与梁、门与窗）处理、光照色彩配置与材料选择、器物选型布置与装饰设置等来实现其设计。

按照以上的定义标准来衡量当代中国的室内设计，很难说我们已经达到创造健康生活方式的设计境界。

在近代以来，整个世界的文化绝大部分是以西方的价值观为主导。出于世界发展的历史眼光，西方文化代表了工业文明以来的观念，侧重于对物的改造，使用技术的手段，改变物质的形态，最终达成一种生活状态。经过多年的发展，直接针对物的形态设计，容易使人们更关注对于物质本身的追求。这种以物质追求为主导的生活，现存环境的支撑力明显不足。有限的地球资源，以现有人类发展的情况来看显然是不可持续的。在这样的背景下世界的目光开始关注东方。

东方文化的起始就不以物为本质，而是注重于生活本身。其本质在于生活过程中的体验，它不是仅仅针对于物，而是基于物质表象更深内涵的精神层面追求，这就是人不同于动物的根本原因。生活体验中达到的最佳情境，能够产生明显的愉悦感，连贯的愉悦直接导致幸福感，可见幸福来自情境，所以对于幸福观来说，幸福指数最高的不是最有钱的人，而是希望达至理想情境的知足。按照中国的哲学“心”与“物”两者之间的平衡和互动，关键是“心”的修养。

东方文化的思想方式包括生活方式，是从农耕文明的形态发展过来的。从精神层面来看东方文化更符合未来发展的境遇，因此需要从工业文明形态向生态文明形态转换。在这个过程中设计师起到了重要作用。最终追求的是什么，物质还是精神，这就是东西方文化最大的不同。东方文化追求的是人与自然之间的和谐状态。我们可以理解为“物”的本质追求，也就是人的“心”与“物”互动当中产生的某种境界：一种真实的生活的体验。东方人更注重心境的修养而不是表面物质的追求。这种“心”与“物”的互动在现代设计中也是非常重要的。

鉴于此：在中国以室内发轫的空间设计已经到了一个重要的发展转折期。以环境概念的指导走向光明，还是受物象概念的引诱走向深渊，路在何方成为不容回避的问题。近年室内设计界层出不穷的评奖似阵阵旋风令人炫目，每个奖项设定的背后是不同定位的价值导向，最终能够走向彼岸的终究不会是多数，衷心希望Idea-Tops国际空间设计大奖——艾特奖能够实现自身设定的终极目标。

Design is to create a way of life. Chinese interior design industry has rapidly developed over the past 30 years; people may use "magnificent" and "stormy" to describe the rapid period, but there is much space to improve and to reach the nature of design.

It's known that interior design is about environmental design to meet the needs of using and aesthetic. As an integral part of the architectural design, it aims to create practical, comfortable, beautiful and pleasant indoor physical and visual environment.Space planning, construction decoration, decorative furnishing are the main content of interior design. Designers achieve their goals by organizing the architectural graphic design and space, building construction in coordination with the artificial environment system, the treatment of component modeling and interface (ground, walls, ceiling, columns and beams, doors and windows), the selection of light color scheme and material, the selection of object and the layout of decoration.

In accordance with the above defined criteria, to measure contemporary Chinese interior design, it's difficult to say that we have reached the design state which can create a healthy lifestyle.

In modern times, the whole world of culture regards the Western value as the mainstream. Western culture represents a concept since the industrial civilization, which focuses on the transformation of the material, the use of technology, the changing form of substance, and finally to reach a perfect state. After many years' development, the direct design for physical form makes people pay much attention to the pursuit of material and produces a material gain-led life,while supporting force of the existing environment is obviously insufficient. The limited resource of the earth for the existing situation of human development is clearly unsustainable, so the world starts to pay attention to the East.

The nature of the oriental culture' origin is life itself but not material. It focuses on the process of experience and spiritual pursuit for a deeper connotation from material and appearance, which is the key difference between human and animal. The best situation of life experience is to have evident pleasure; the coherent pleasure results in happiness, so we can say that the happiness is from the situation. Therefore, the concept of happiness does not have direct connection with the money. In accordance with the balance and interaction in Chinese philosophy about "heart" and "object", the key is the accomplishment of "heart".

Oriental culture, including the way of life, originated from the form of farming civilization,which is identical with the future development, considering the spiritual perspective. Therefore it needs to convert from industrial civilization to an ecological one. Designer will play an important role: What' s the ultimate pursuit? Physical or mental? This is the biggest difference between Eastern and Western cultures. Oriental culture is in pursuit for a state of harmony between man and nature, the essence of "object". That is a certain state of the interaction of "heart" and "object": a real life experience. Asians pay much attention to the cultivation of mind rather than the pursuit of the surface material. The interaction of "heart" and "object" is also very important in the modern design.

So Chinese interior design industry has come to an important turning point: following the the guidance of environment concept or sinking in the material abyss? This is an unavoidable issue. In recent years, numerous awards for the interior design dazzled with their own value-oriented goal, but few have achieved it. I Sincerely hope the International Space Design Award - Idea-Tops can achieve its ultimate goal.

\ Zheng Shuyang

清华大学美术学院常务副院长、博士生导师

2011年12月30日

Vice Executive President of Academy of Arts & Design

Ph.D. Tutor of Tsinghua University

December 30, 2011

为有梦想的设计师打开一扇窗

A Window for Designers with Dreams

2011艾特奖的余热尚未散去，伴随着这本《2011艾特奖获奖作品集》的出版，2012年度Idea-Tops艾特奖已经启航了。在政府、媒体、国内外设计行业组织以及设计界同仁的关心和支持下，这个源于东方的设计奖项正受到来自世界范围越来越多的关注。

细数前两届艾特奖的获奖设计师，不乏当今设计界顶尖人物，比如香港设计师梁景华、林伟而、台湾设计师张清平、深圳酒店设计师杨邦胜等，同时通过这个平台走出来的行业新星也有不少，他们用极富设计思想的作品，征服了评委并一举成为了设计明星，比如福建设计师郑杨辉、杭州设计师杨春蕾、深圳设计师王亮等等。特别是2011年的艾特奖，还先后在意大利米兰、北京、上海、深圳、长春、佛山、南宁、昆明等十个城市开展了多场推广活动和巡回论坛，现场参与人数累计超过8 000人次。海内外150多家媒体对2011艾特奖相关活动进行了报道。新闻报道量达到800余篇次，极大地提升了艾特奖的知名度和影响力，来自瑞士、英国、意大利等欧美地区的设计作品超过百件，还有更多的境外设计师积极参与到艾特奖中来。

2012年度艾特奖已经启动，一系列全国巡回推广活动及作品征集工作也已拉开帷幕。结合不同的地域文化，通过一系列学术演讲、主题论坛、作品展览等巡回活动，艾特奖组委会将与当地设计界形成良好的互动，为有梦想的设计师打开一扇窗，让更优秀的设计师透过艾特奖这个平台，展开跨地域、乃至跨越国界的交流与合作。

在此，我代表艾特奖组委会向全世界的优秀设计师发出邀请，欢迎你们将自己最优秀的设计作品通过Idea-Tops艾特奖这个平台展现出来，这里是你进入中国、走向国际的最佳渠道，这里是你赢得客户、赢得市场、赢得行业尊敬的最佳舞台。让我们一道，为设计业的进步、为设计界的自由交流、合作与发展共同努力！

Yet the heat of the 2011 International Space Design Award　Idea-Tops had not be dispersed, along with the publication of *2011 The Award-winning Works of Idea-Tops* the 2012 Idea-Tops Award has set its sail. With the support and attention from government, medias, design organizations and worldwide professional designers, the Idea-Tops Award, which originated in East, has attracted much attention from all over the world.

The winners are mostly the leading figures in the design industry during the last session, including HK designer Patrick Leung, Lin Weier, Taiwan designer Zhang Qingping, Shenzhen hotel designer Yang Bangsheng, etc.; meanwhile there are many new stars, who conquer the judges with their works full of creative concepts, such as Zheng Yanghui from Fujian, Yang Chunlei form Hangzhou, Wang Liang from Shenzhen, etc. The 2011 Idea-Tops Award has carried out lots of promotional activities and tour forums in many cities including Beijing, Shenzhen, Shanghai, Changchun, Foshan, Nanning, Kunming,Milan of Italy and so on with accumulated over 8,000 participants, and over 150 medias reported it and there are over 800 news reports, which all greatly enhance the fame and influence of the Award. The competition had received hundreds of design works from Switzerland, Britain, Italy in Europe and North America, and the Award has attracted more overseas designers to participate in.

The 2012 Idea-Tops Award has been launched with a series of national tour and collection for works. By holding a series of academic lectures, theme forums and exhibition activities combined with different regional cultures, the Award Committee have had a good interaction with local design communities in order to open a window for designers who pursue for dreams, creating a platform for excellent designers to have cross-regional, even cross-border exchanges and cooperation.

Here, on behalf of the Idea-Tops Committee, I sincerely invite all worldwide excellent designers to show your best works through the Idea-Tops Award platform, which will help you enter into China, step into the international stage and win respect from customers, society and the design industry. To push the design industry forward and accelerate free exchanges, cooperation and development in the design community, we need your joint efforts!

Zhao Qingxiang

中华室内设计网总裁
Idea-Tops国际空间设计大奖（艾特奖）发起人

CEO of Zhonghua Interior Design Website
Initiator of International Space Design Award　Idea-Tops

设计是艺术性的创造
更是社会责任的体现

Design is the Creation of Art & the Manifestation of Social Responsibility

建筑的室内设计关注于创造人居空间。

现今，无论是公共空间还是私人空间，室内设计的需求都在不断增长。随着市场的发展，越来越多拥有良好教育背景及创造能力的室内设计师涌现出来。毫无疑问，在将来，室内设计师的职业技能将涵盖更加宽广的范畴，而且更加专业的设计顾问为当地和全球性的项目做规划也将成为一种趋势。在设计师的职业生涯中，我们应该牢记：室内设计这一事业不仅仅贡献于艺术创作，同时也带动着社会和经济的发展。

评选年度设计奖可以鼓励设计师们推陈出新。基于此目标，艾特奖组委会对大量的送选作品进行了评审。

作为评委，我们审阅了来自中国乃至全球范围的送选作品。在此过程中，我个人也惊讶于很多作品的设计思路之广泛、深刻，及其最后实现的效果。入围的参赛作品，都是高质量的竣工之作，既有对传统的传承融合，又体现了各方面的创新，同时也对室内设计的其他范畴有所涵盖。我相信，获奖者们除了获得欣喜，也会因此得到各界人士的更多认可。

此外，在大奖评选和颁奖期间，组委会还举办了各种有趣、能增加见闻的交流活动，这也使得该奖更具有面向公众的研讨会的性质。年轻的获奖者和同行们都带着喜悦，在轻松的氛围里上台领奖。当然，这个奖项在未来一定可以办得更好。我也非常期待下次更高质量、更开放和更富有创新性的活动。在此我非常荣幸地代表其他评委，期待这一奖项再攀高峰。

Interior architecture design is the space design about people.

Whether in the public or private space, the requirement of space design is increasing. And there are more and more interior designers who have good education and innovative ability. In the future, the occupation of interior design will cover a larger range, and the professional design consultant for project planning of local and global becomes a trend. The interior design is not only artistic creation, but also useful for social and economic contributions. We need paying attention to this in our career .

The goal of the design award is to choose the best project of each year, and the Idea-Tops Award makes it based on a large amount of selected works.

As a member of the jury, we reviewed many Chinese and International selected works. Personally, the big surprise is the deep and wide design ideas, as well as their implementation. The entries, which are those works, have been completed work with high quality. The works show the traditional inheritance and integration and also reflect the variety of innovation; in addition, other categories of the interior design are covered. Winners will receive recognition and joy from all walks of life.

Meanwhile, various interesting affairs, informative exchange during the Selection and Award activities, give the Idea-Tops a public feature of seminar. The young winners and colleagues got the award in a relaxed atmosphere. Of course, the awards can have improvement and progress in the near future, and I am looking forward to a high quality, open and creative event. I am very happy, on behalf of other jury to expect the Award reach to a peak .

克劳斯·彼得·格贝尔 教授
Professor Klaus Peter Goebel

德国斯图加特应用技术大学 室内建筑系 主任
2011 年 12 月 23 日，于德国斯图加特
Director of the Interior Design Department of Stuttgart University of Applied Sciences
December 23, 2011, Stuttgart, Germany

CONTENTS 目录

艾特奖奖杯简介
Idea-Tops Trophy Introduction

奖杯整体形态横看是中文的"一"字，竖观是英文的"I"，中西方文化融汇贯通、相得益彰。我们希望呈现一个没有明显东方文化特征形态、但骨子里却藏有中国哲学思想的东西。《道德经》有云："一生二、二生三、三生万物、万物归一"，在先人们对宇宙起源的探索认识过程中，"一"就代表了本源，而英文的"I"就是"我"，结合起来表达了设计"以人为本、以人性化为中心"的本质；同时"I"作为"idea"的首字母，强调了设计师价值的核心就是永不枯竭的创造智慧与创新精神。奖杯的整体造型自然纯粹、浑然天成。从底座开始，逐步由稳健理性的四边形过渡到柔和感性的三边无限形，仿佛一场自然呈现的空间魔术，里外皆空间、高低自成风景。这场由理性至感性的演变，使矛盾的两极完成了思想的贯通和价值的交融，从建筑室内的可塑性发散到思维的可塑性，雕塑化地展现出人类创造力的登峰造极之径。

The Trophy of Idea-Tops is like a Chinese word "one" in a horizontal view and like an English letter "I" in a vertical view, which masters Chinese and Western culture and completes them with each other. We hope that the Trophy can show profound oriental culture and Chinese philosophy in an unapparent way. There is a saying in Tao Te Ching: one produces two, two produce three, three produce all things and all things are one. Human has had a notion in mind since the exploration for the universe origin, that is "one" represents the origin, and the English letter "I" means "oneself", combination of the two concepts will express the nature essence: people-oriented and humanization-oriented. Meanwhile, the letter "I" is the first letter of "idea", which emphasizes the core value of designers for inexhaustible wisdom and innovative spirit. The Trophy has an overall pure and natural shape: starting from the base to the top, it has a gradual transition from a steady and rational quadrilateral to a soft, sensual and infinite triangle, which is like a natural rendering magic show, and both inside and outside spaces are different ones form various views at different levels. This is an evolution from sense to sensibility, where the contradictory makes a perfect blending of value and idea . From the plasticity of architecture interior design to the plasticity of thought, the Trophy shows the culmination of human creativity.

国际建筑室内设计领域的"奥斯卡奖"

"Oscar" in International Architecture Interior Design Industry

21世纪，设计已经成为人类社会与经济发展的重要推动力，设计师对于改善人们生活品质、促进文明进步发挥着积极作用。2008北京奥运会、2010上海世博会、广州亚运会、2011深圳世界大学生运动会等全球盛事在中国的上演，大大推动了中国城市化进程的发展，也给建筑与室内设计业带来广阔发展前景。今天的中国，已经成为世界第一建筑和装饰大国。

国际空间设计大奖——Idea-Tops艾特奖，是在政府相关部门的大力支持下，由中国建筑室内设计行业第一门户网站——中华室内设计网（www.A963.com）联合中国三大权威学术机构——清华大学美术学院、中央美术学院、天津美术学院共同发起主办，每年一届，于12月隆重颁奖。旨在打造全球最具思想性和影响力的设计大奖，发掘和表彰最佳设计师和最佳设计作品。

2010年，在全球第六个"设计之都"深圳，国际空间设计大奖——艾特奖（Idea-Tops）首度颁发，成为世界设计业了解中国室内设计的一个窗口。同时，作为中国第一个在联合国教科文组织创意城市联盟进行全面推广的设计奖项，这个源于东方的设计奖项正受到来自世界范围越来越多的关注，现在，它已经成为"设计之都"的重要符号之一。

源于东方，面向世界，Idea-Tops艾特奖崇尚的是设计师永不枯竭的智慧与前瞻性的革新思想，以及他们审美和工艺上均显卓越的设计作品。恪守专业、严谨、公平、公正的原则，Idea-Tops艾特奖以较高的专业标准、专业发展、专业责任及专业沟通来促进设计业的发展。每届艾特奖均邀请全球设计领域资深专家、学者、顶尖建筑师和设计师、知名人士、财经专家、意见领袖以及有影响力媒体担纲评委。作为表彰建筑和室内设计界杰出人才的重要奖项，获得艾特奖的首肯也就是向全球昭示了精英们在建筑和室内设计界的顶级荣誉。

In the 21st century, design has become an important driving force for social and economic development, and designers are playing an active role in improving the quality of people' s lives and promoting the progress of civilization. The grand global events were held in China, such as 2008 Beijing Olympic Games, 2010 Shanghai World Expo, Guangzhou Asian Games, 2011 Shenzhen Universiade, etc. These events have greatly promoted the urbanization in China and also brought extensive prosperity to architecture and interior design industry. As a result, China has become the world's biggest country for architecture and decoration.

International Space Design Award – Idea-Tops, is organized by Zhonghua Interior Design Website (www.A963.com), which is the first web portal to Chinese architectural interior design industry, under the strong support of relevant government departments and co-sponsored with three authority academic institutions in China: Academy of Art & Design of Tsinghua University, China Central Academy of Fine Arts and Tianjin Academy of Fine Arts. It is an annual event and will have a grand award ceremony in December. Idea-Tops aims to create the most thoughtful and influential design award in the world, to explore and recognize the best designers and design works.

In 2010, International Space Design Award – Idea-Tops set its first award issue in the world's 6th "Design Capital" Shenzhen as a window for the world to understand Chinese interior design industry. At the same time, as the first design award of china promoted comprehensively in the UNESCO creative city alliance, this oriental design award receives more and more attention worldwide, and now it has become one of the important symbols in this "Design Capital".

Oriented from East, opening to the world, Idea-Tops advocates for inexhaustible wisdom and prospective innovative ideas of designers, as well as aesthetics and technology shown on their remarkable design works. Abiding by the principles of profession, rigor, fairness and justice, Idea-Tops is promoting the development of design industry in a higher professional standard, development, responsibility and communication level. Global senior experts in design field, scholars, top architects and designers, celebrities, financial experts, opinion leaders and influential media will be invited as judges. As an important award for outstanding talents in architecture and interior design industry, approval from Idea-Tops is to indicate top honors in architecture and interior design industry.

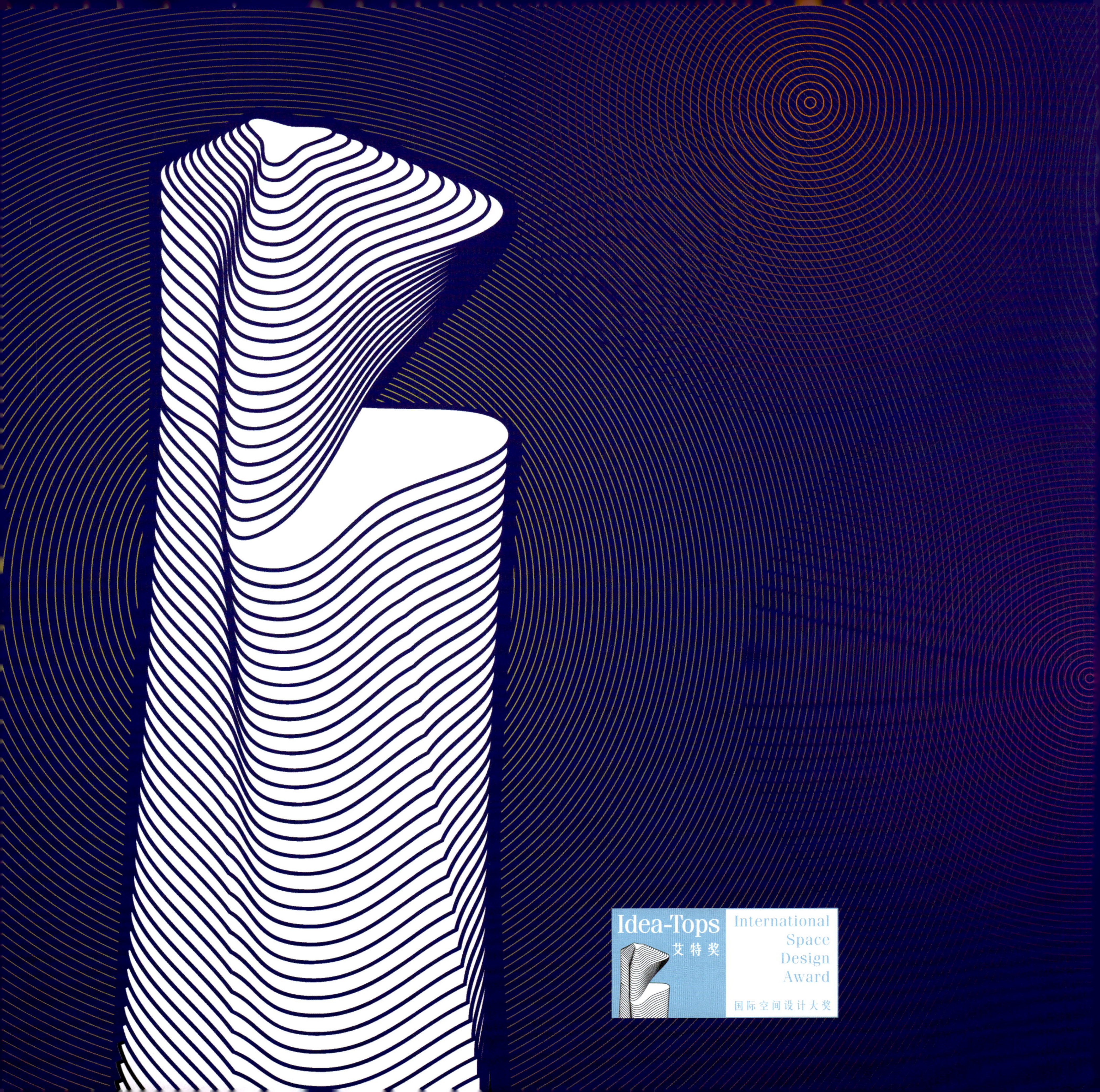
Idea-Tops
艾特奖
International
Space
Design
Award
国际空间设计大奖

2011 The Award-winning Works of Idea-Tops

2011 艾特奖获奖作品集

BEST RESIDENTIAL SPACE AWARD

最佳住宅空间设计奖

云砚
Yun Yan

荣获奖项 | Space Categories
最佳住宅空间设计艾特奖
Best Design Idea-Tops Award of Residential Space

设计者 | Designer
张清平 Zhang Qingping
天坊室内计划有限公司
Tien Fun Interior Planning Co., Ltd

设计说明 | Design Illustration
空间的设计理念以传递东方美学为导向，但有别于传统东方图腾式的概念，我们以“素朴而华美”的设计风格来诠释新东方人文情怀。
简敛素朴，我们以一种极致精简的选择态度，将暧暧内涵的人文坚持表现在空间的每一个角落。
华美则是一种不经意流露的本色，以符合现代人性及实用的设计手法，借着工艺雕凿的细腻精神将东方的美串联于空间之中。在朴素的俭与华美的奢之间，体会生活最初与最终的感动。

评委会评语 | Jury Comment
“云砚”营造的空间氛围静雅悠远，通过黑、白、灰色调的适度对比以及精致、到位的选材与陈设，将主题意境的阐释发挥到了极致。——郑曙旸

注：为尊重作者原创，本书中有些台湾设计师的设计平面图采用繁体汉字。

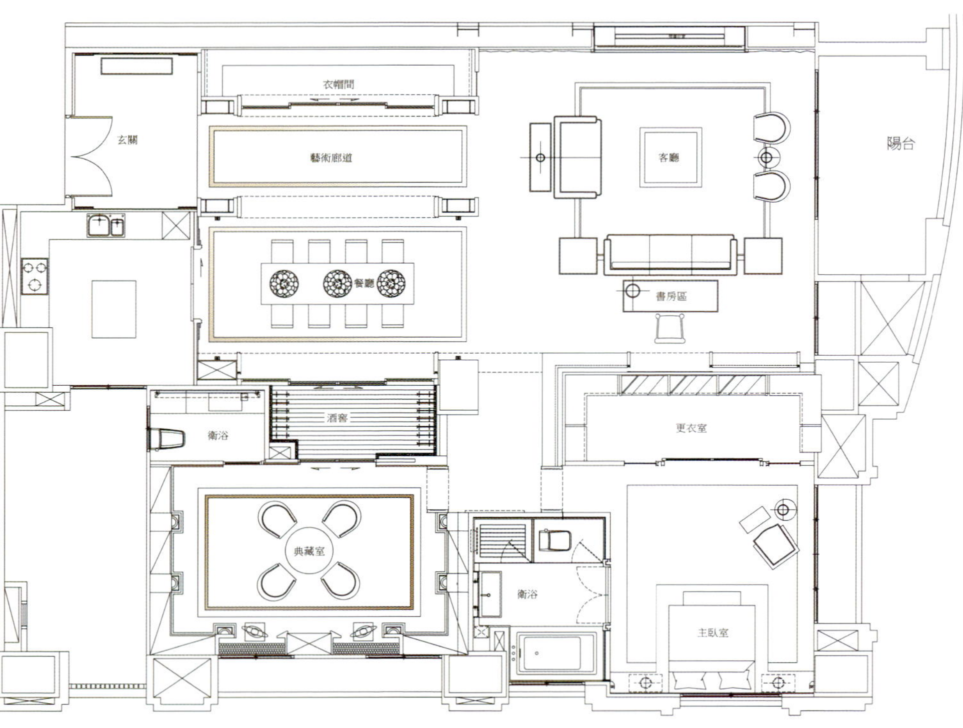

雲硯

TOWERS

光影·经过

After Lighting

荣获奖项 | Space Categories

最佳住宅空间设计提名奖

The Nomination for Best Design Award of Residential Space

设计者 | Designer

唐忠汉 Tang Zhonghan

设计说明 | Design Illustration

实，相互交错、贴附，隐藏在对比的身后。

光影，随着季节变迁，四时推移，不断地变化面貌。

顺应着楼梯与建筑开窗，重复有序的垂直元素，利用突破尺度限制的格栅设计，变化数组；调节自然的光线，使其从不同的方向穿透室内。

在这里，采光不再是我们所追求的唯一，我们追求的是隐藏在其后的影；借由设计操作所产生的明暗对比，经过自然的时间流动，让空间不变的表情，能有不同的层次演进。

静止，让地坪的沉稳延展至壁面；对映，日出与夕照，让光影留下了走过的痕迹。

Style

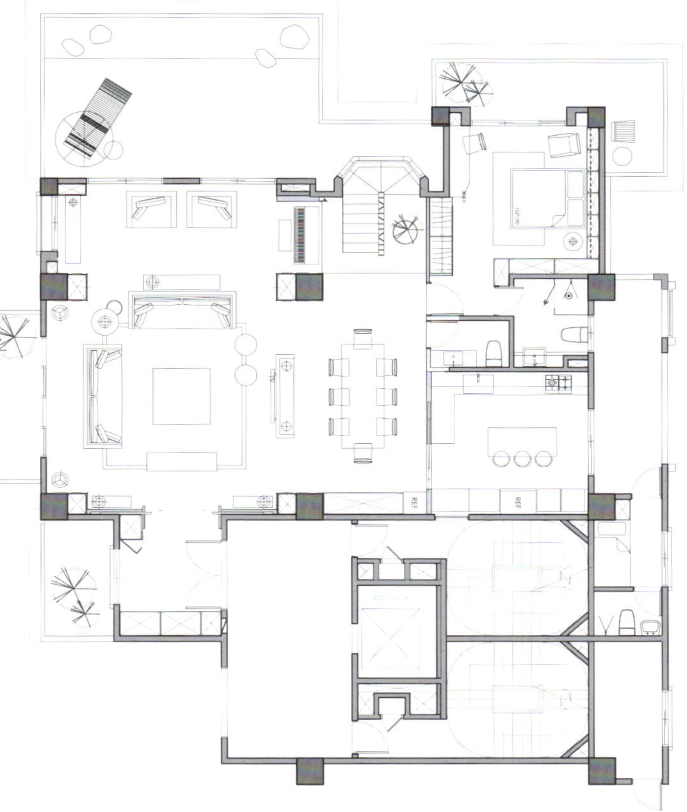

苏州太湖天成别墅A2户型

Suzhou Taihu Lake Tiancheng Villa A2 Unit

荣获奖项 | Space Categories

最佳住宅空间设计提名奖

The Nomination for Best Design Award of Residential Space

设计者 | Designer

韩松 Han song

深圳市昊泽空间设计有限公司

Shenzhen Haoze Space Design Co., Ltd.

设计说明 | Design Illustration

项目位于苏州太湖度假区，地块南侧直面太湖，距太湖约180 m，紧邻太湖文化论坛。项目整体的形象定位为现代中式。

“人道我居城市里，我疑身在桃源中”，在喧嚣的都市生活中，我们渴求心灵片刻的宁静。透过水、风、香、月的清澈，人境双绝的意境，青绿翠郁的庭院，彰显出成熟、自信的人生态度，这是每个人心中的桃花源。整套方案以水为主线贯穿整个空间和设计，诠释着不一样的“东南亚”风情。

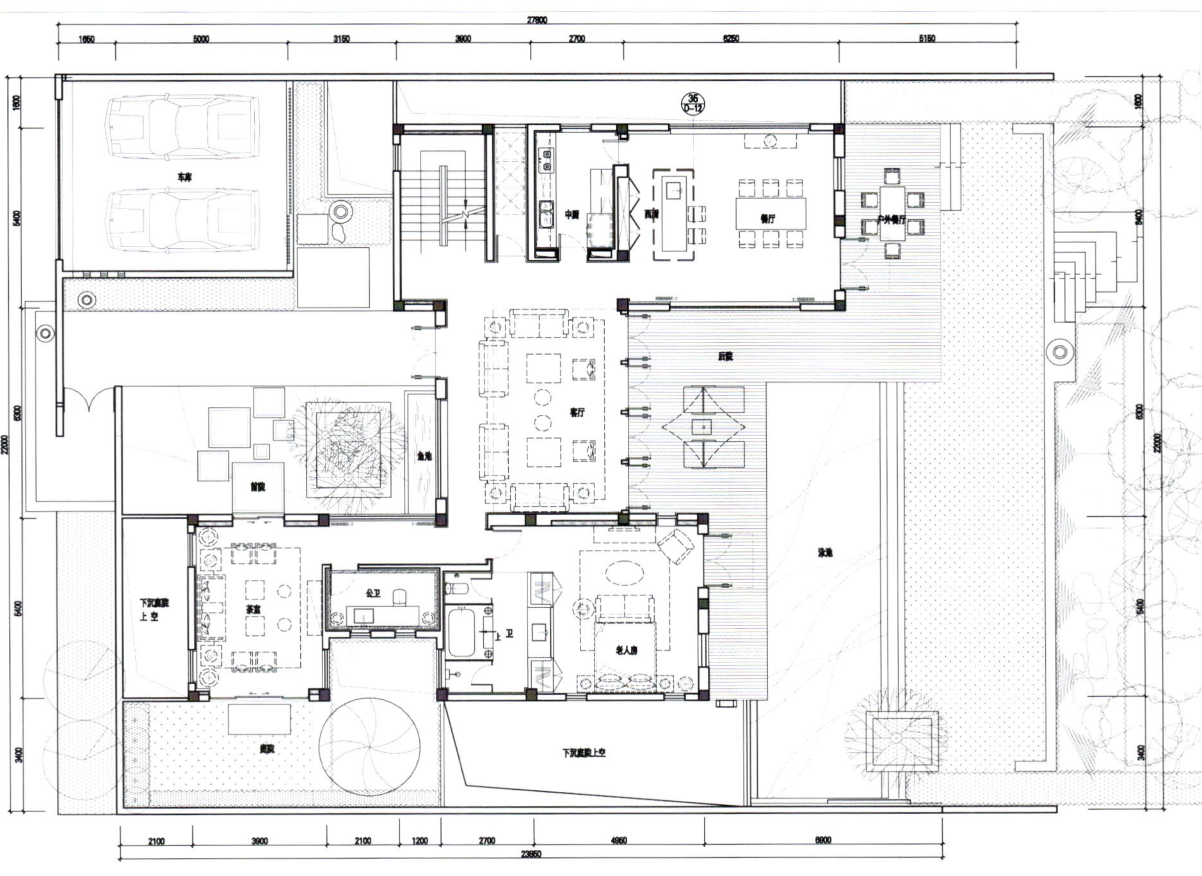
27800
1850
5000
3150
3900
2700
6250
5150
车库
中厨
西厨
餐厅
户外餐厅
后院
客厅
鱼池
前院
泳池
下沉庭院
上空
茶室
公卫
卫
老人房
庭院
下沉庭院上空
22000
2100
3900
2100
1200
2700
4950
6800
23850

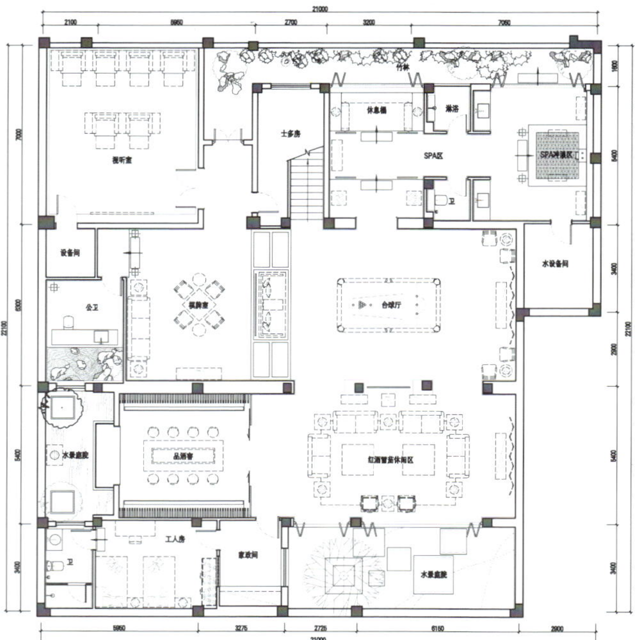
竹林
休息榻
淋浴
士多房
SPA区
SPA冲浪区
视听室
卫
设备间
水设备间
公卫
棋牌室
台球厅
水景庭院
品酒窖
红酒雪茄休闲区
工人房
家政间
卫
水景庭院

水都南岸陈公馆

Mosaic Commune Chen House

荣获奖项 | Space Categories

最佳住宅空间设计提名奖

The Nomination for Best Design Award of Residential Space

设计者 | Designer

孙建亚 Alex Sun

上海亚邑室内设计有限公司

Shanghai Yayi Interior Design Co., Ltd.

设计说明 | Design Illustration

项目位于上海市青浦区朱家角，是一处生态环境甚佳的居所，设计师所要表现的就是不让建筑成为人与自然的阻隔。因此在空间处理上，尽可能弱化建筑墙体及窗户的竖向阻隔，创造出更为通透开敞的空间。在热辐射处理方面使用中空双层玻璃，最外侧镜面处喷涂一层特殊隔热材料，可以阻挡90%的太阳热辐射，且能恒定室内外的温差，使得自然光能穿透到室内的各个角落，并让目光所及之处均有自然景致映入眼帘。

同时，住宅主人有着对材质近乎苛求的执迷，材料的选择不仅要满足感官体验，更要有极佳的触感和环保性能。于是，设计师大胆采用了非常规的处理手法，打破材料原有的属性，使其"再生"出新的特质。使用石英砂及环保材料做成的大面积浮动地板，利用热胀冷缩原理，做到了单层完全无接缝工艺。完成后的地坪光洁透亮，完整大气，更大大提升了地热系统的效能。

我们相信，设计的意义不止于塑造空间，而更在于如何将节能环保诠释到空间的各个角落。

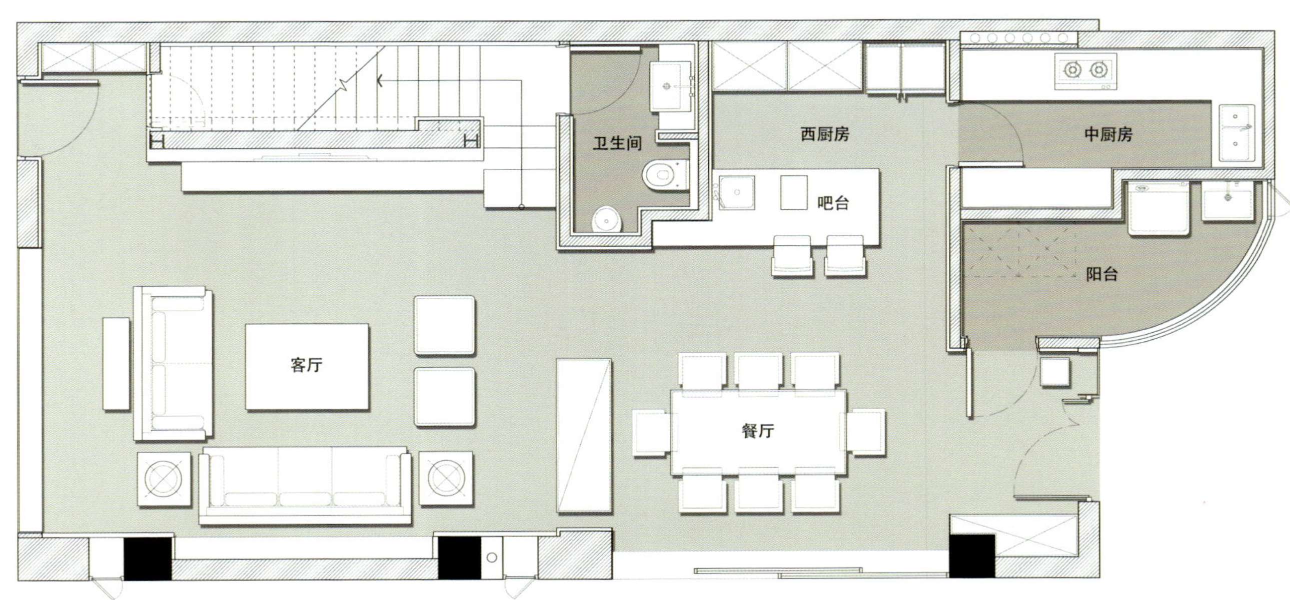

厄劳达酒店游艇别墅

Yachting Club Villa in Elounda Beach hotel

荣获奖项 | Space Categories

最佳住宅空间设计提名奖

The Nomination for Best Design Award of Residential Space

设计者 | Designer

Davide Macullo 建筑事务所 Davide Macullo Architects

设计说明 | Design Illustration

厄劳达酒店是世界一流的酒店之一，坐落于壮观的希腊克里特岛上，从酒店可以一览爱琴海广阔的海景。此别墅项目是陆地和海洋的完美连接，能够很好地模糊海陆之间的界限。

外墙使用暗灰色石头，保持了与当地环境的和谐统一；而室内天然材料、木料以及皮革的使用，则更能吸引眼球，也更能平衡建筑与周围环境的关系。

建筑的室内设计原则，就是要设计出一个奢华敞开式的空间，能够欣赏到海景；同时，独特的设备以及独立家具的搭配，能让客人享受到相对亲密的私人环境。这些天然材料、外部饰面和室内设计的材料都来源于自然资源。别墅的装饰，为客人提供了最大的舒适感和豪华感，但是设计理念始终都是尊重自然环境，感受大自然的魅力。

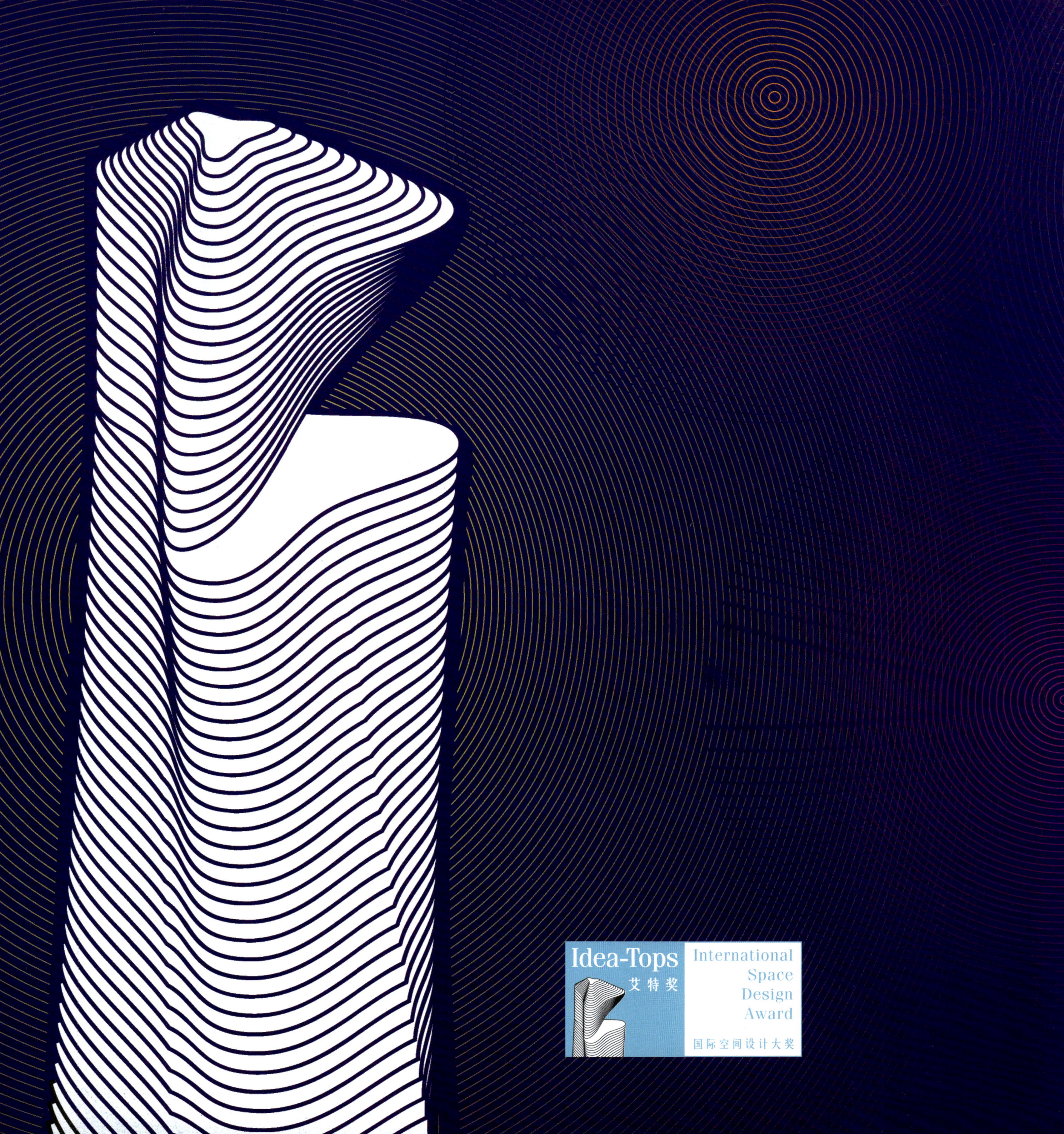
Idea-Tops
艾特奖
International
Space
Design
Award
国际空间设计大奖

2011
The Award-winning
Works of Idea-Tops
2011 艾特奖获奖作品集
BEST
CLUB
AWARD
最佳会所
设计奖

“万科公望”主会所

"Vanke Gongwang" Main Club

荣获奖项 | Space Categories

最佳会所设计艾特奖

Best Design Idea–Tops Award of Club

设计者 | Designer

杨春蕾 Pual Yang

设计说明 | Design Illustration

本案是万科地产的高端项目——“万科公望”主会所，面积达5 000 m^2，面向外界开放。为接待杭州当地高端人士，设计师特意打造出具有当地地标性质的城市综合体。坐落于风景如诗画般秀丽的富春江畔，设计师采用了现代手法诠释传统风韵的新亚洲风格，打破传统风格中庄重、严肃的气氛，试图透过现代简洁的线条来营造与户外自然景观相得益彰的闲静美。以白色、深木色石材铺垫于整体空间，张弛有度地透出中式淡雅的人文气息。全案的画龙点睛之处在于“铜”的各种形式变换，巧妙穿插于空间中，无处不在，让尊贵成为主线。

评委会评语 | Jury Comment

整体勾勒和细节描绘烘托出明确的会所主题，灯光和色彩的明暗对比有效地体现私密的空间感，两者的结合恰如其分地达到了会所空间应有的效果。——克劳斯·彼得·格贝尔

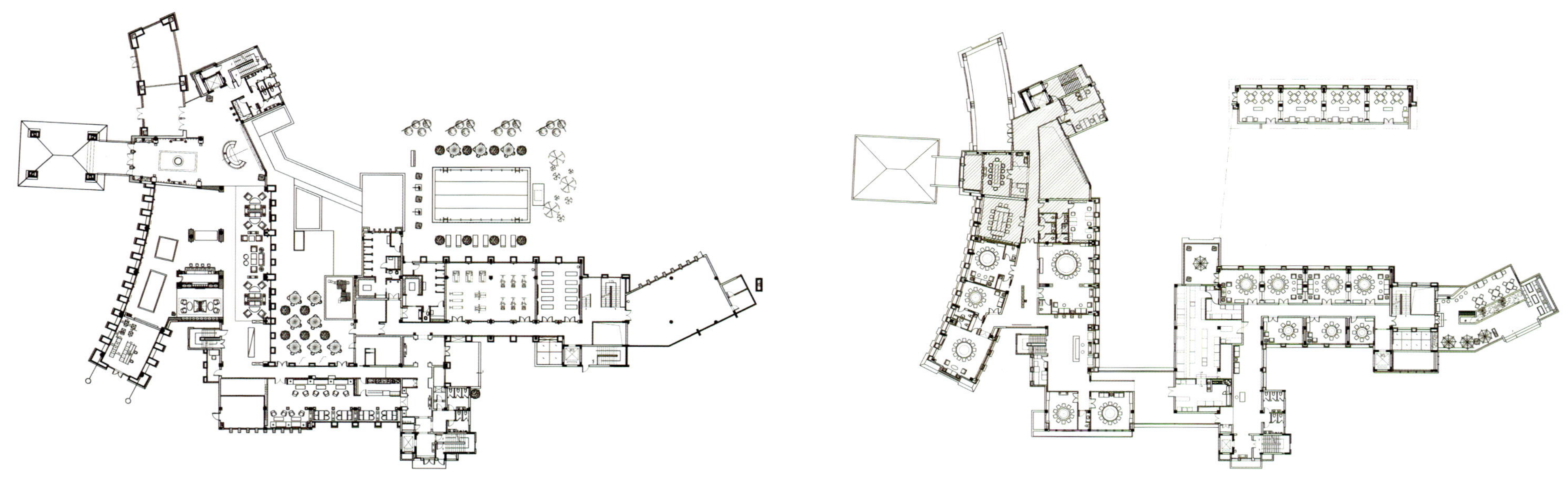

RESERVE DE LA COMTESSE
PAUILLAC
PAVILLON ROUGE
CHATEAU MARGAUX
PETER LEHMANN
STONEWELL SHIRAZ
LES FORTS DE LATOUR
CARRUADES DE LAFITE
CHATEAU BERNADOTTE
HAUT-MÉDOC
CHATEAU DUHART-MILON
PAUILLAC - MÉDOC
GRAND VIN LAFITE ROTHSCHILD
CHATEAU LAROSE-TRINTAUDON
CHATEAU HAUT-BRION
CHATEAU SIRAN
MARGAUX
CHATEAU LASCOMBES
SAINT-EMILION

8308

重庆万科天琴湾高尔夫会所

Vanke Chongqing Tianqin Bay Golf Club

荣获奖项 | Space Categories
最佳会所设计提名奖
The Nomination for Best Design Award of Club

设计者 | Designer
深圳矩阵纵横室内设计公司
Shenzhen Matrix Interior Design Company

设计说明 | Design Illustration
初次接到设计邀约的时候，甲方给出的定位是“新亚洲”设计风格。这是我们团队再熟悉不过，也打心底喜欢的风格，而建筑及景观设计则邀请了新加坡著名的SCDA设计公司来主持，于是我们满怀信心地接下这个项目。甚至我们开始想象起来，建筑大师级+国内最优秀甲方团队+期待已久的设计风格，没有理由不兴奋，不感动，不用心去完成好这个项目。当项目最终顺利移交甲方的那一刻，我们坚定地说，我们做到了！
这个项目对于设计师来说具有极高的挑战性。我们在对各个风格进行筛选与取舍时要达到一个最佳的平衡点。在前期的平面规划及软装配饰也遵循了这个宗旨，如：日式的简约矩阵的空间次序感；东南亚的精雕细琢的细节体现；中式对称的形式美；尤其是对家具陈设艺术品的考究选择，是我们整个项目的亮点所在。一个好项目的完成，需要天时地利人和，更为难得的是甲方无条件地配合付出，是成功至关重要的条件之一。

天瑞酒庄

Tianrui Chateau

荣获奖项 | Space Categories

最佳会所设计提名奖

The Nomination for Best Design Award of Club

设计者 | Designer

施传峰 Shi Chuanfeng 许娜 Xu Na

设计说明 | Design Illustration

在天瑞酒庄里，每一个转角都可以被视为对葡萄酒文化的传承与演绎。它的空间情趣与节奏风格融合了多样的风情与文化，使得都市人心中关于精致生活的奢望得到了满足。酒庄被分为上下两层，它们之间彼此独立，却又不乏交流的可能。设计师充分利用了与红酒相关的元素尽情演绎了多元的红酒文化。一楼入口的锥形柱被做成由夸张变形的大“橡木塞”堆叠而成的形状，洗手台旁放置着装饰品与酒杯的“高几”，竟是一个古朴的橡木酒桶，而用软木塞串成的帘子则成为了一面大背景墙。当射光打在上面时，仿若满墙都是灿烂繁星。

除了新奇材料的使用，空间里的色彩与灯光设计也会感染来访者的心情。设计师匠心独运地将点光源与泛光源进行有机的组合，并用独特的灯具造型来丰富空间的美感。虚实的光影透过栅格、屏风铺洒在周遭，构筑起了一方新奇的空间，仿若在梦中。因为视角的不同而产生出这种不确定的美感，使得灯光在赋予空间柔和特质的同时，还营造出些许神秘的效果。

CASTEL
CASTEL

天瑞酒庄

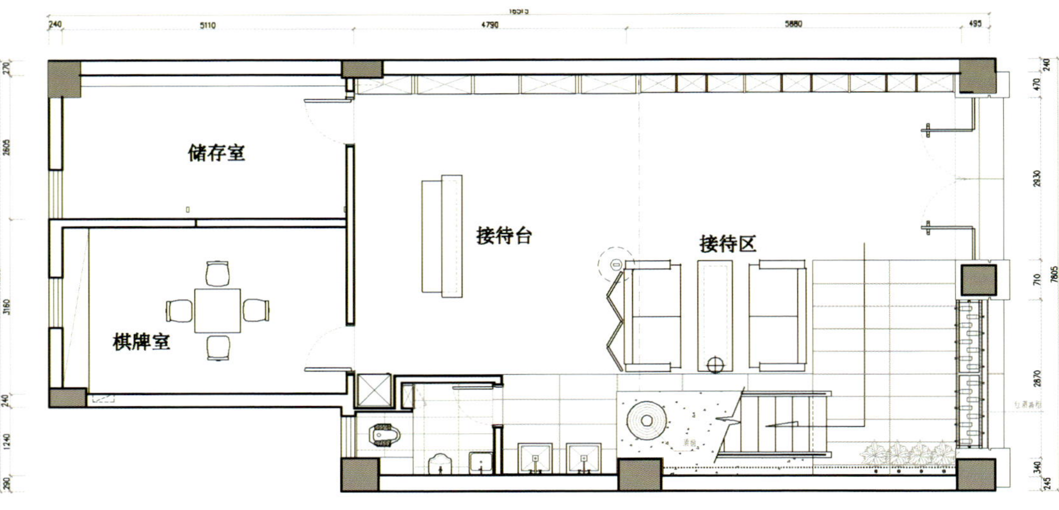
储存室
接待台
接待区
棋牌室

克里特岛厄劳达酒店水疗健身中心

The Elounda Beach Hotel SPA Centre in Crete

荣获奖项 | Space Categories

最佳会所设计提名奖

The Nomination for Best Design Award of Club

设计者 | Designer

Davide Macullo 建筑事务所

Davide Macullo Architects

设计说明 | Design Illustration

这是克里特岛厄劳达酒店的一个复式别墅改建项目，要将其改造成豪华的水疗和健身中心，并要求室内外都和谐统一。从一开始，和周边优美景观相融合的设计方案就吸引了大家的注意力。项目的主要意图是要确保室内外空间的连续性，让空间延伸到户外，融入自然景色中，让旅客在这个空间中体验到“浮在克里特岛”的感觉。

希腊式的“白柜子”建筑，既能实现水疗中心的各种功能，也能让空间结构更和谐，容易被游客理解和接受。材料、颜色和质地的合理选择营造出一个轻盈、新鲜和纯净的氛围，让游客在这个空间里身心都能够得到放松。

中信惠州凯旋城会所

Zhongxin Huizhou Triumph City Club

荣获奖项 | Space Categories

最佳会所设计提名奖

The Nomination for Best Design Award of Club

设计者 | Designer

严晨 Yan Chen

深圳市严正室内设计有限公司

Shenzhen Yanzheng Interior Design Co., Ltd

设计说明 | Design Illustration

走进会所，迎接你的将是一趟托斯卡纳酒庄之旅。

地处意大利心脏地带的托斯卡纳，被公认为是意大利艺术的摇篮，在一些小镇中，你还可以呼吸到文艺复兴时代的气息。

它似乎浓缩了整个国家最好的特质，这里有阳光岛屿和托斯卡纳群岛湛蓝的海浪；这里有崎岖的阿尔卑斯山脉鲁尼吉亚纳、温柔的奇昂蒂山区小村和野性的马勒马高沼池，还有许许多多的美景。除了聚在这块面积相当于新泽西土地上的美丽风景，这里还拥有这个世界是最受人追捧、最暖人心的美酒。

意大利人都有葡萄酒情结，他们把葡萄酒与面包、橄榄视为餐桌上的三要素。而且意大利人认为，葡萄酒能激发人们对生活的灵感和激情，或许意大利人的热情真的和他们钟爱葡萄酒有关。独特的土壤和高海拔的地势，加上地中海的微风，为托斯卡纳成为意大利最重要的葡萄酒产区提供了完美的自然条件。托斯卡纳葡萄酒据说因为有一种高贵的味道而与众不同，产自这里的Chianti酒则更是风靡全球。

实木线造型 WD-01
天花内部
墙体涂料 PT-01
天花内部
墙体涂料 PT-01
窗帘挂杆
火烧面木梁托 WD-03
火烧面木梁 WD-02
火烧面木梁 WD-02
碳化木板拼贴 WD-03
木造型栏杆(订做)
墙体涂料 PT-01
专业吸音板(同木饰面)
5.350
5.350
3.900
3900
3.000
2.550
1100
2150
2250
2400
备用间
往接待厅
签约区
影视厅
卫生间
卫生间
挂窗帘
砖砌墙体
实木线 WD-01
木板造型墙 WD-01
布艺窗帘造型
造型壁灯
仿古面石材 ST-02
地射灯
仿古面石材踢脚 ST-02
土建窗
造型木门(订做)
砖砌墙体
土建窗
墙面涂料
虚线范围为屏幕(专业公司提供)
木边框玻璃门 ST-02
仿古面石材门套 ST-02
墙体涂料 PT-01
340 250 1910 150 800 2550 800 2550 800 2550 800 2550 550 2800 800 550 弧面 550 425 1400 150 1375 2800
150 150 150
A
C
D
E
F
H

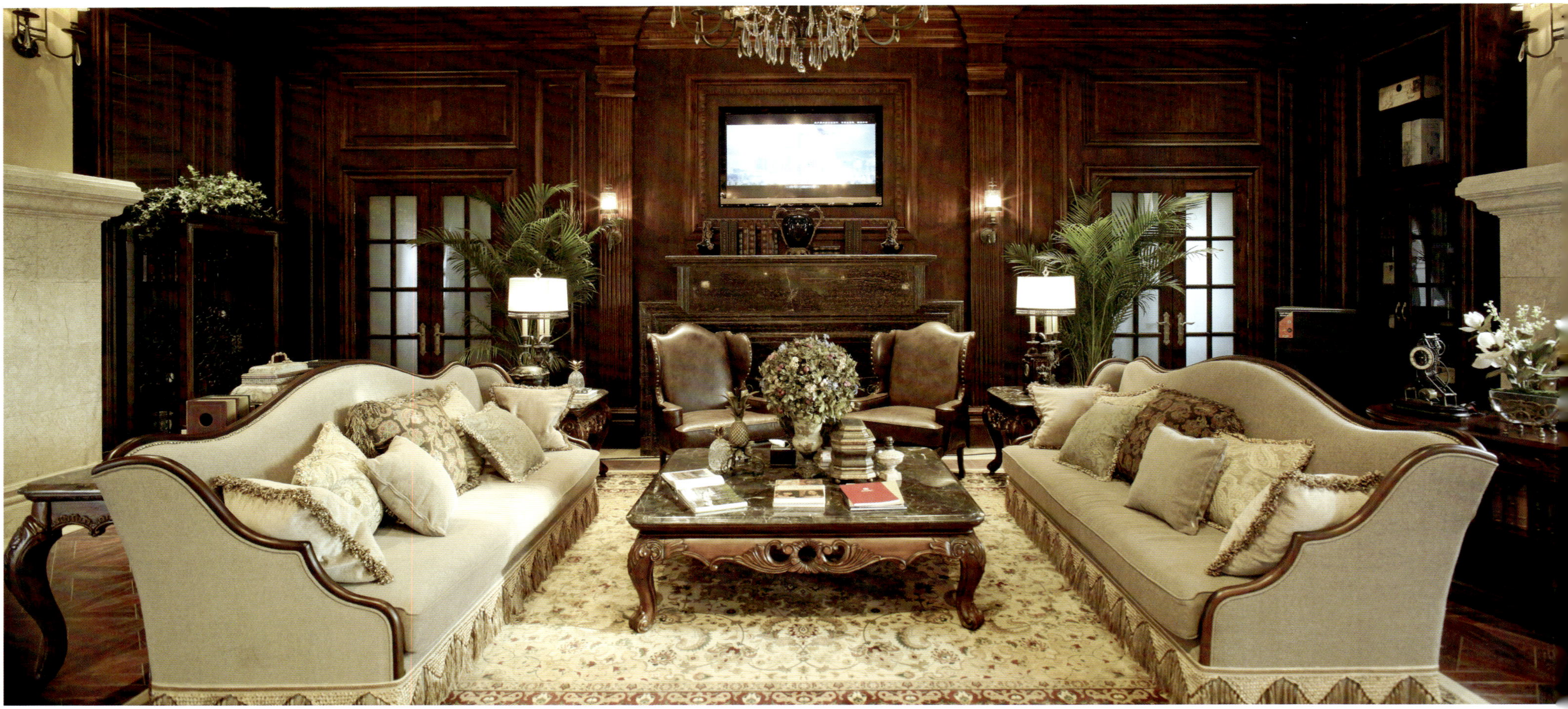

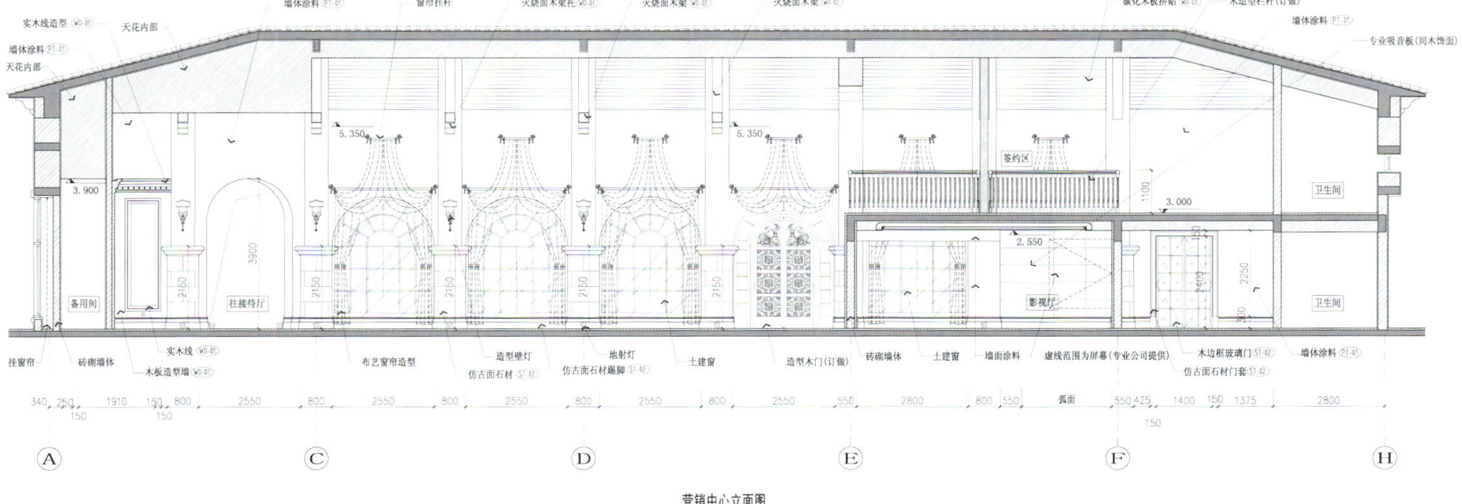

营销中心立面图

1:75

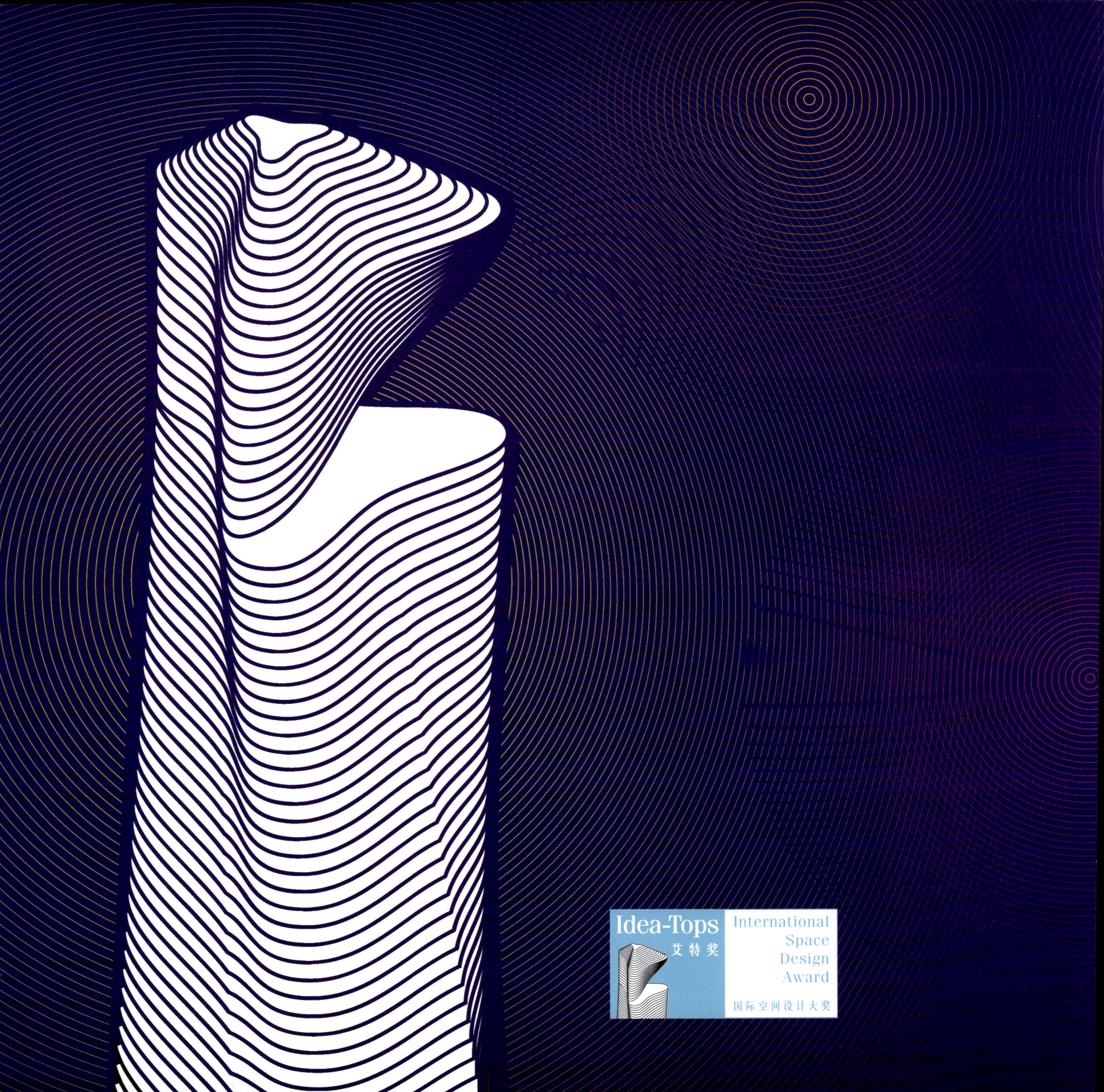
Idea-Tops
艾特奖
International
Space
Design
Award
国际空间设计大奖

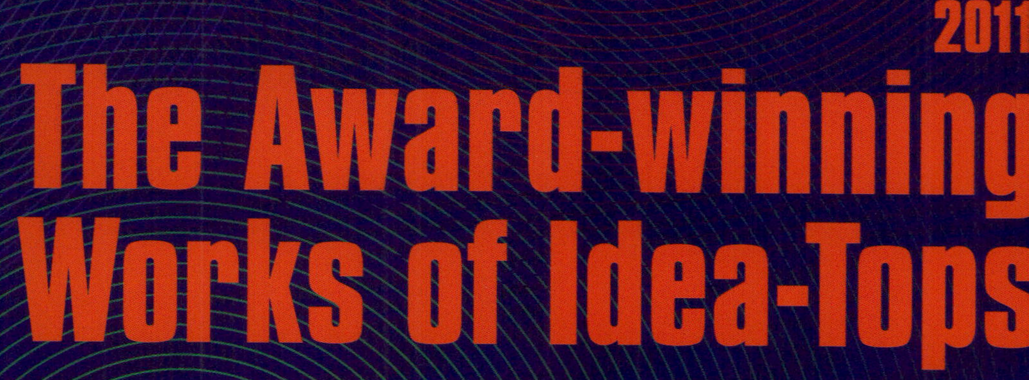

2011 艾特奖获奖作品集

BEST DINING SPACE AWARD

最佳餐饮空间设计奖

品茶悟禅

Tea & Zen

荣获奖项 | Space Categories

最佳餐饮空间设计艾特奖

Best Design Idea-Tops Award of Dining Space

设计者 | Designer

施旭东 Shi Xudong

福州旭日东升装饰机构 Fuzhou Sunever Design Co., Ltd.

设计说明 | Design Illustration

静茶餐厅位于西湖畔，吸取了西湖凝聚千年的灵气，在周遭一片灯红酒绿间突显着它的静谧和高雅。设计师沿用了“禅－茶－味”的设计理念，用东方传统文化中“禅”的思维方式来体现繁华落尽的细微之美，将静茶的精髓完美呈现，同时成就空间的空灵之美。禅是东方古老文化理论精髓之一，茶亦是中国传统文化的组成部分，品茶悟禅自古有之。以禅的风韵来诠释室内设计，不求华丽，旨在体现人与自然的沟通，以求为现代人营造一片灵魂的栖息之地。会所内以素色为主调，大面积运用了由中国古代窗花造型演变而来的各式花格，粗糙的青石板与天然纹理的仿古砖厚实而流畅，仿佛划过了时间的痕迹，为整个空间带来一股磅礴的气势。

评委会评语 | Jury Comment

两楼层的设计尽显空间之大气，整体中的局部变动充分显示禅宗包罗万象的特质，形状、体量、材质、灯光等多种设计语言的把握很好地诠释了中国的茶道文化。——克劳斯·彼得·格贝尔

静茶
JING TEA

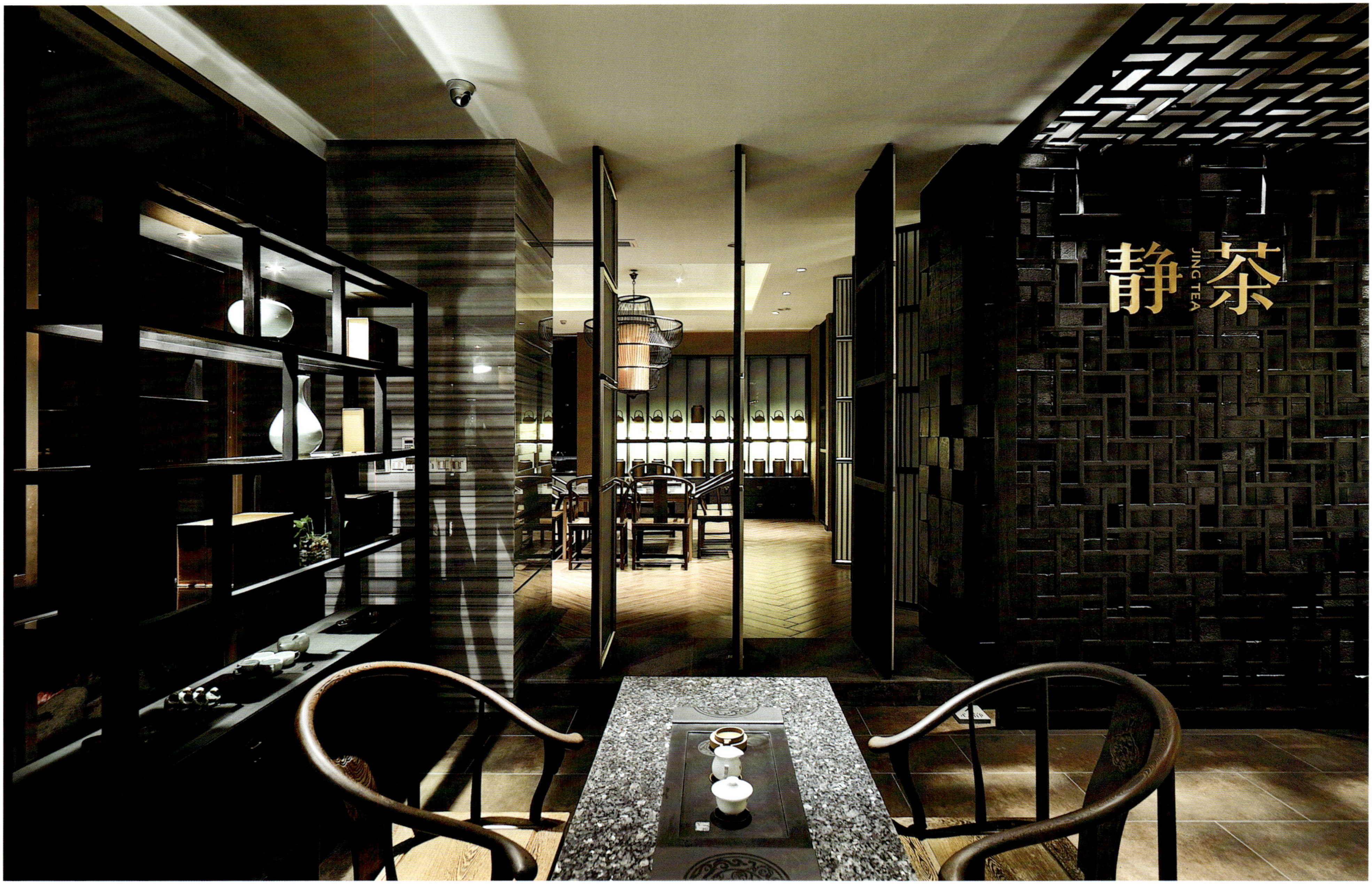

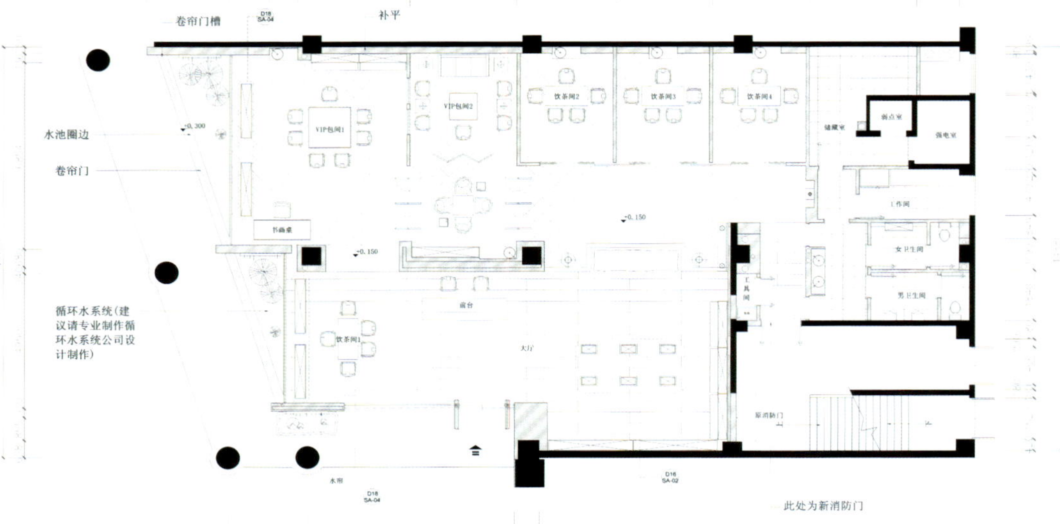

卷帘门槽
补平
水池圈边
卷帘门
循环水系统(建议请专业制作循环水系统公司设计制作)
VIP包间1
VIP包间2
饮茶间2
饮茶间3
饮茶间4
储藏室
书画桌
工作间
女卫生间
男卫生间
前台
饮茶间1
大厅
原消防门
水帘
此处为新消防门

渔人码头时尚鱼火锅

Fashion Fish Hot Pot in Fisherman Wharf

荣获奖项 | Space Categories

最佳餐饮空间设计提名奖

The Nomination for Best Design Award of Dining Space

设计者 | Designer

林金华 Lin Jinhua

楼语设计工作室

Louyu Design Studio

设计说明 | Design Illustration

进入渔人码头的时尚火锅店中，藤灯与防锈砖、大理石与墙纸交糅在一起，既矛盾又和谐，有一种苍劲的美，又似乎若隐若现地展示出一缕淡定的情愫，给人以视觉上的冲击力。设计师在进门的大厅处放置了一个憨态可掬的红色人物雕塑，既起到了迎客的效果，也与前台背景墙上的书法装饰形成刚柔对比，不着痕迹而又颇具用心地将传统气息沁入其间，即使是浮躁的心绪也会在不知不觉中安静下来。

在用餐区域，既有卡座，也有圆弧形的小包间，带来了奇妙又趣味十足的感官享受。在楼梯处，相似造型的蓝色装置陈设则给人别样的视觉感染力。在整体的暗环境中，这些光影的变化使得空间里的气息有了一丝流动的意味，仿若重复滚动播放的胶片上，闪烁着海市蜃楼的景象，给人如此微妙又似曾相识的体验，激发出一种愉悦的想象。独立包厢中，设计师或以蓝色的背景装饰营造水的气息，或以黄色的挂画带出温暖的质感，这些丰富的元素融入周遭环境，令空间关系更为丰富。

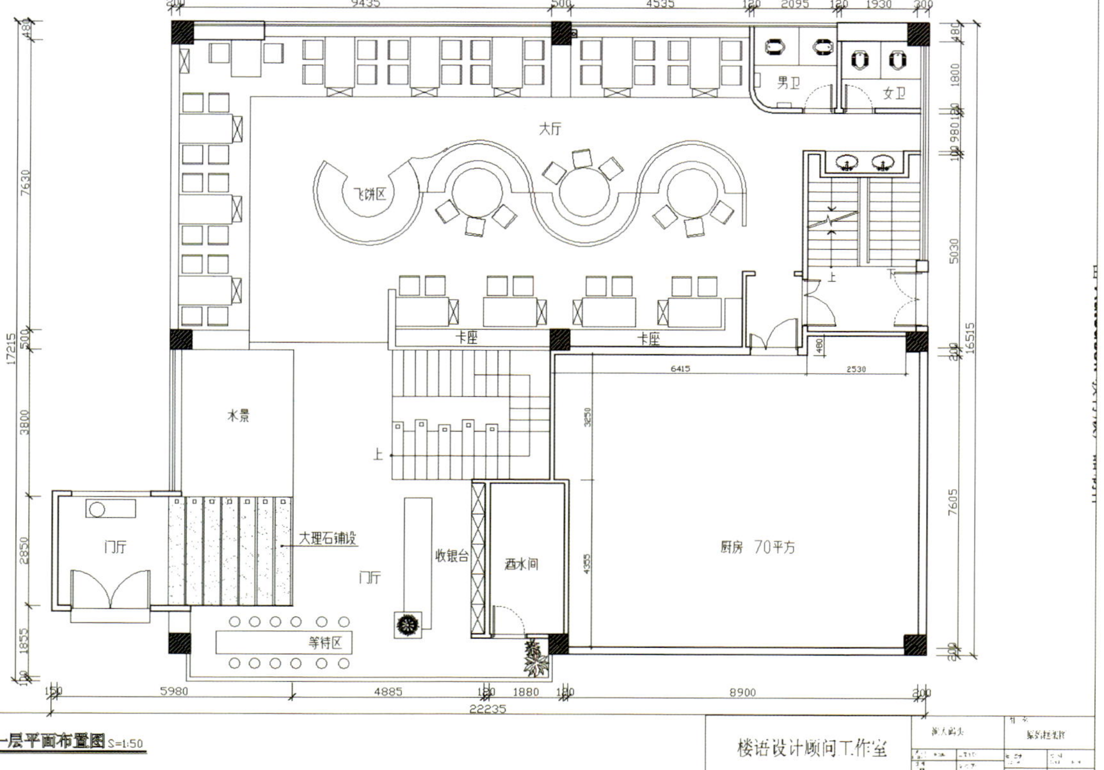
大厅
飞饼区
卡座
卡座
男卫
女卫
木景
大理石铺设
门厅
门厅
收银台
酒水间
厨房 70平方
等待区
一层平面布置图 S=1:50
楼语设计顾问工作室

小心台阶
Caution watch your step

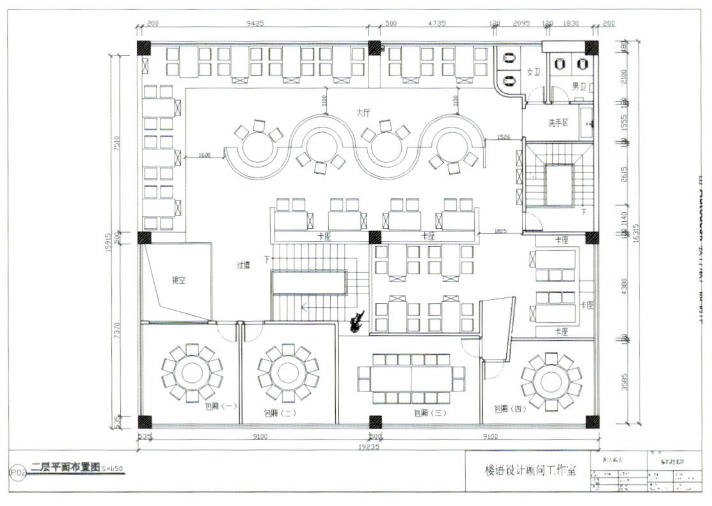
大厅
卡座
包厢（一）
包厢（二）
包厢（三）
包厢（四）
9100
9100
19235
P02 二层平面布置图 S=1:50
楼语设计顾问工作室

樱之盛宴日本料理餐厅
Sakura's Feast Japanese Restaurant

荣获奖项 | Space Categories
最佳餐饮空间设计提名奖
The Nomination for Best Design Award of Dining Space

设计者 | Designer
刘博 Liu Bo 郝边遥 Hao Bianyao 张洪武 Zhang Hongwu
吉林省装饰工程设计院
Jilin Decoration and Design Institute

设计说明 | Design Illustration
樱之盛宴日本料理餐厅主要服务于高端消费人群，设计主调以古朴、细腻的手法来打造空间。墙面运用了大面积环保材料为装饰，并以灯光来点缀，使整个餐厅透露出低调、奢华的感觉。一层天花运用仿实木地板与镂空雕花手法将整个顶面贯穿起来，虚实搭配形成优美而有序的直线，成为整个餐厅的亮点。二层以江户时代幕府家族庭院式设计手法加以禅意枯井池的搭配，整个空间浑然天成，让宾客流连忘返。

男卫生间
库房
女卫生间
生鱼间
厨房
吧台
播拼工作区
传菜口
粗加工间
铁板烧
寿司明档

一层平面

吉林省
长春装饰工程
设计有限公司
PLAN

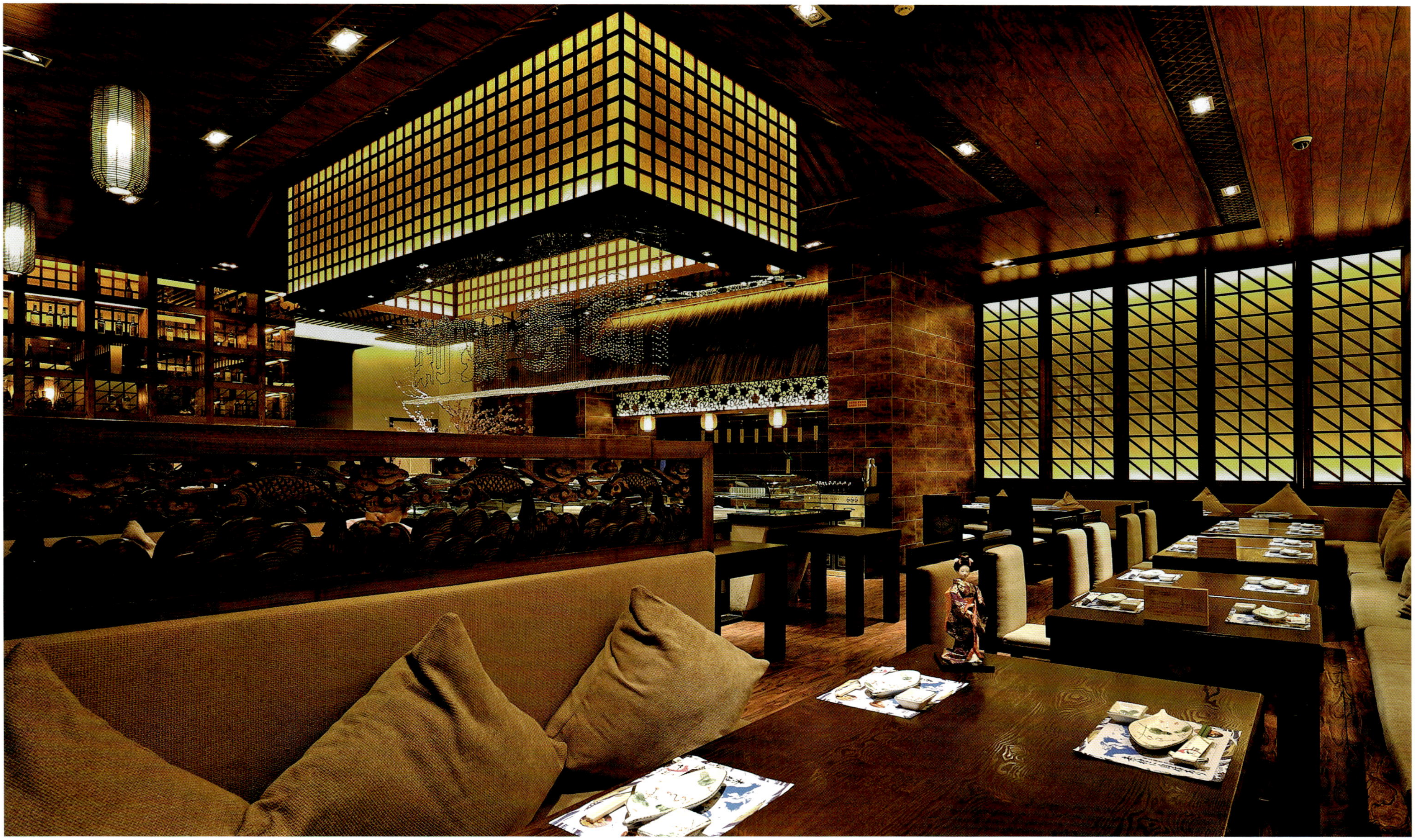

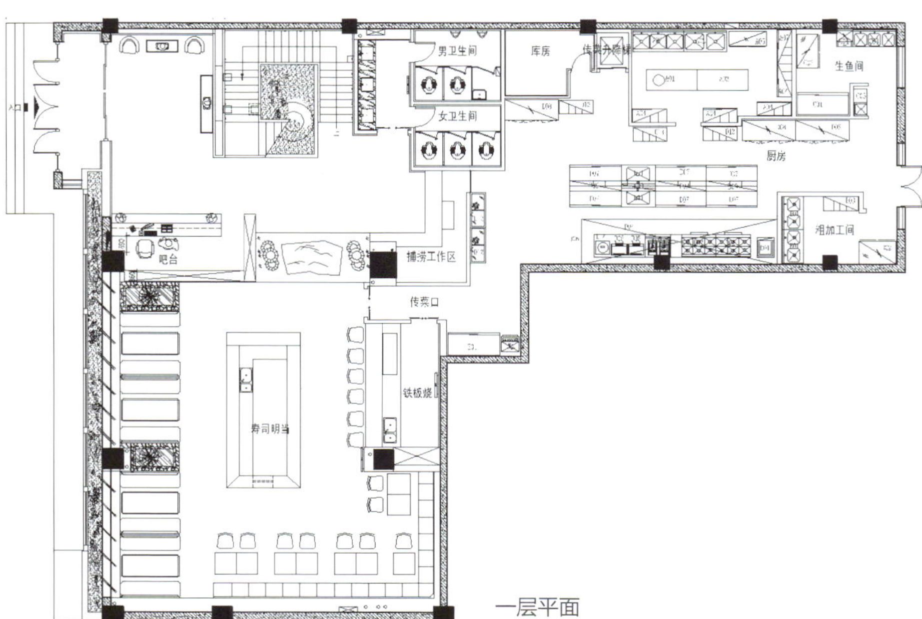

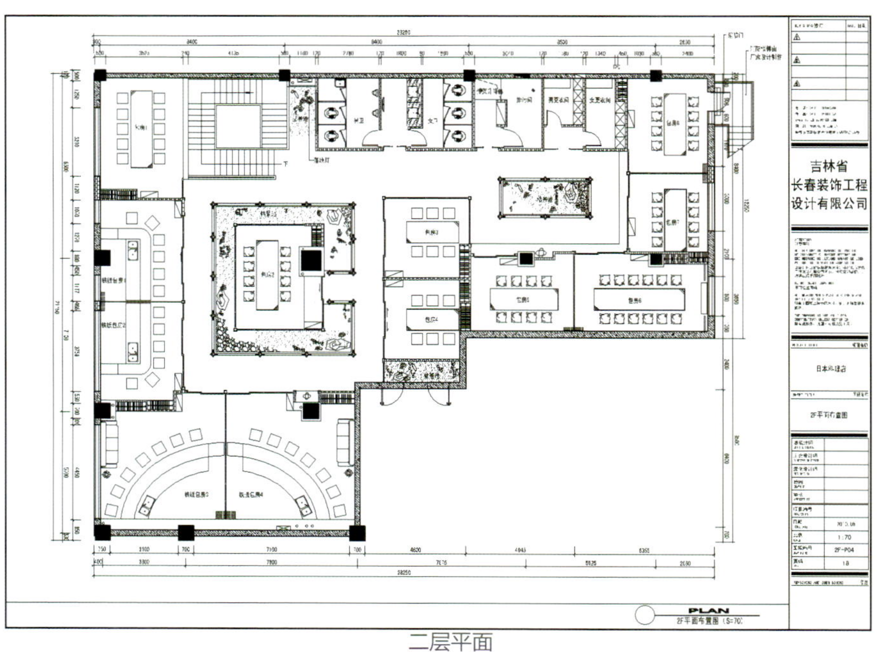

二层平面

上井日本料理餐厅

Kamii Japanese Cuisine Restaurant

荣获奖项 | Space Categories

最佳餐饮空间设计提名奖

The Nomination for Best Design Award of Dining Space

设计者 | Designer

孙建亚 Alex Sun

上海亚邑室内设计有限公司

Shanghai Yayi Interior Design Co., Ltd.

设计说明 | Design Illustration

餐厅定位于商务、宴请、好友相聚等高端消费人群，设计摒弃一般人对高档餐厅"豪华"、"烦琐"的感觉，改以简洁、大气的手法来营造空间，用环保建材打造出大面积仿天然岩壁的质感，并用精致的灯光来渲染，使整个餐厅透露出低调、奢华的感觉。屋顶运用波浪形手法将整个高低不平的顶面贯穿起来，形成错落有致、优美而有趣的曲线，成为整个餐厅的亮点，给宾客留下深刻的印象。

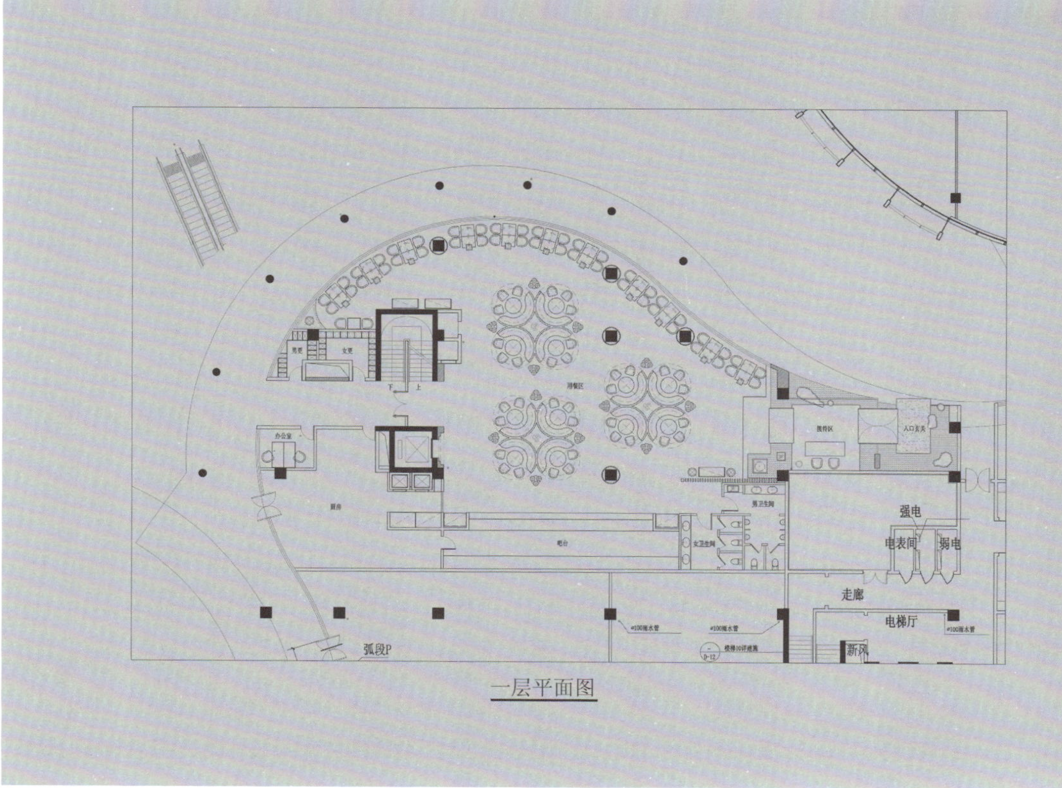

一层平面图

高雄卤肉饭店

Kaohsiung Braised-Pork Restaurant

荣获奖项 | Space Categories

最佳餐饮空间设计提名奖

The Nomination for Best Design Award of Dining Space

设计者 | Designer

李建府 Li Jianfu

高雄市动态设计有限公司

Kaohsiung Dynamic Design Co., Ltd.

设计说明 | Design Illustration

餐厅采用了一种原汁原味的“野性”设计，外观的设计充满着原始的野趣。

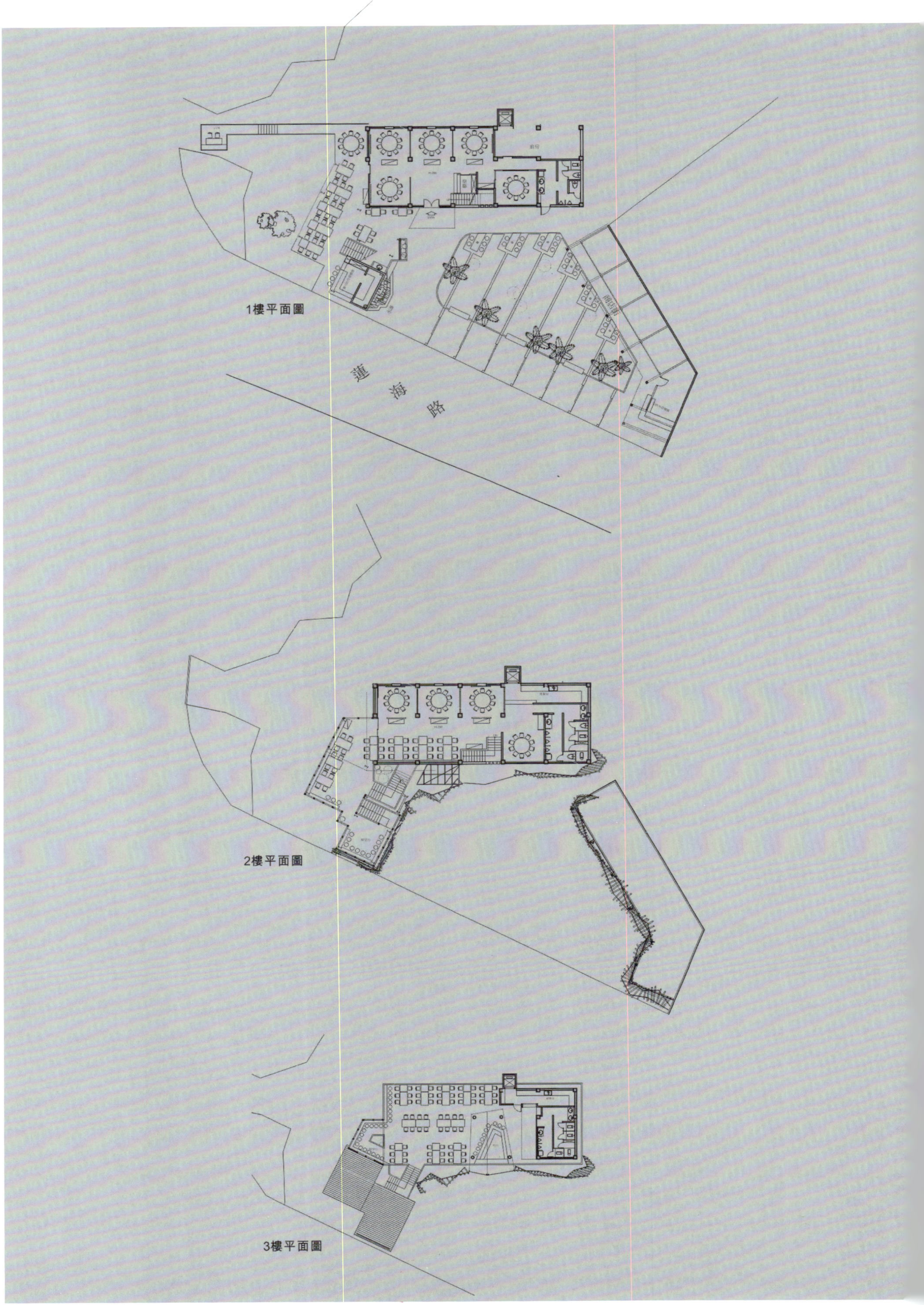

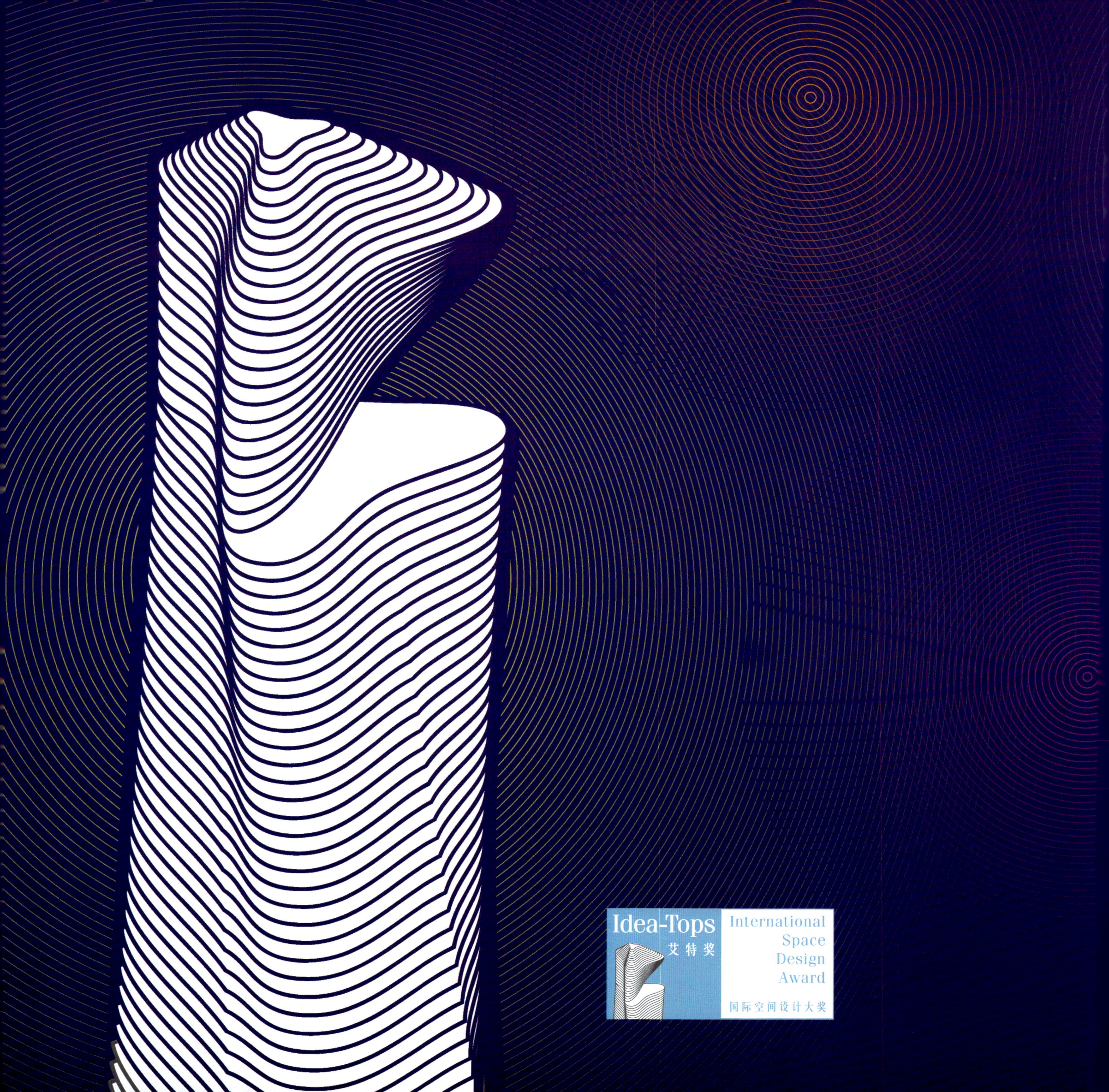
Idea-Tops
艾特奖
International
Space
Design
Award
国际空间设计大奖

2011

The Award-winning Works of Idea-Tops

2011 艾特奖获奖作品集

BEST EXHIBITION SPACE AWARD

最佳展示空间设计奖

汤物臣·肯文设计事务所展位 Chimney

Inspiration Studio Booth "Chimney"

荣获奖项 | Space Categories

最佳展示空间设计艾特奖

Best Design Idea-Tops Award of Exhibition Space

设计者 | Designer

汤物臣·肯文设计事务所

Inspiration Studio

设计说明 | Design Illustration

该项目是汤物臣·肯文设计事务所在 2010 年广州国际设计周的展位设计。项目以“低碳”、“高效”的环保主题作为设计思路，综合加工、制造、运输、循环利用等因素，从而达到降低温室气体排放的效果，同时巧妙地展示了公司的成长历程及代表作品。

展位的空间造型为半封闭式，由于场馆已布满充足光源，而体块主要以投影或液晶展示作品为主，为了不影响正常采光及体块内的空间流通，设计采用了“烟囱效应”结构造型，既可以解决局部采光又可以解决空气流通的问题。每个“烟囱”都被赋予一个独立的空间功能，“烟囱”与“烟囱”之间既开放又相互独立。

评委会评语 | Jury Comment

盒形的设计以及适时的切口带给 Chimney 无限的灵动性，通过块与面的组合、对比，巧妙地用二维手法表现出了三维的空间效果。——托马斯·普鲁斯

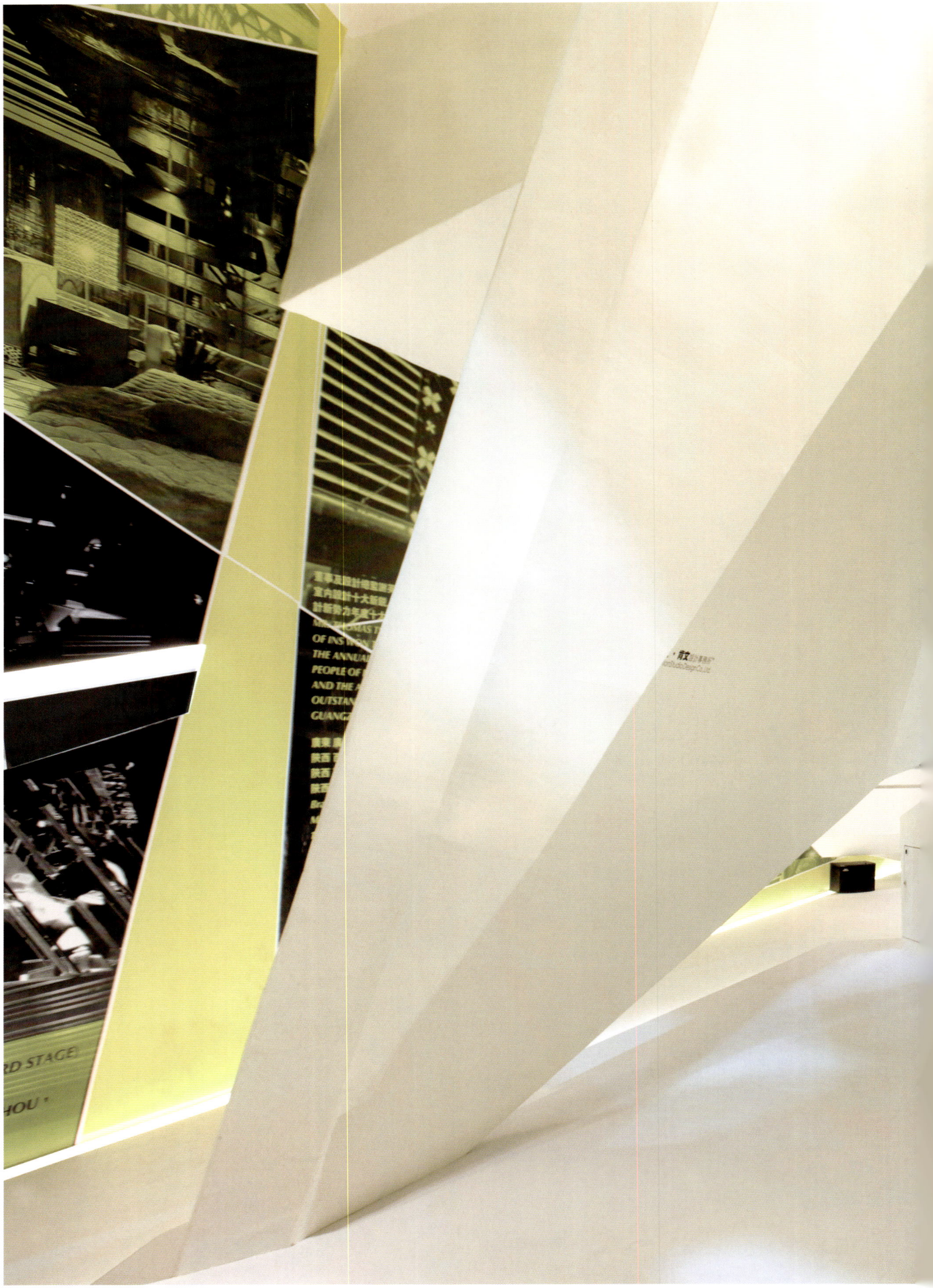

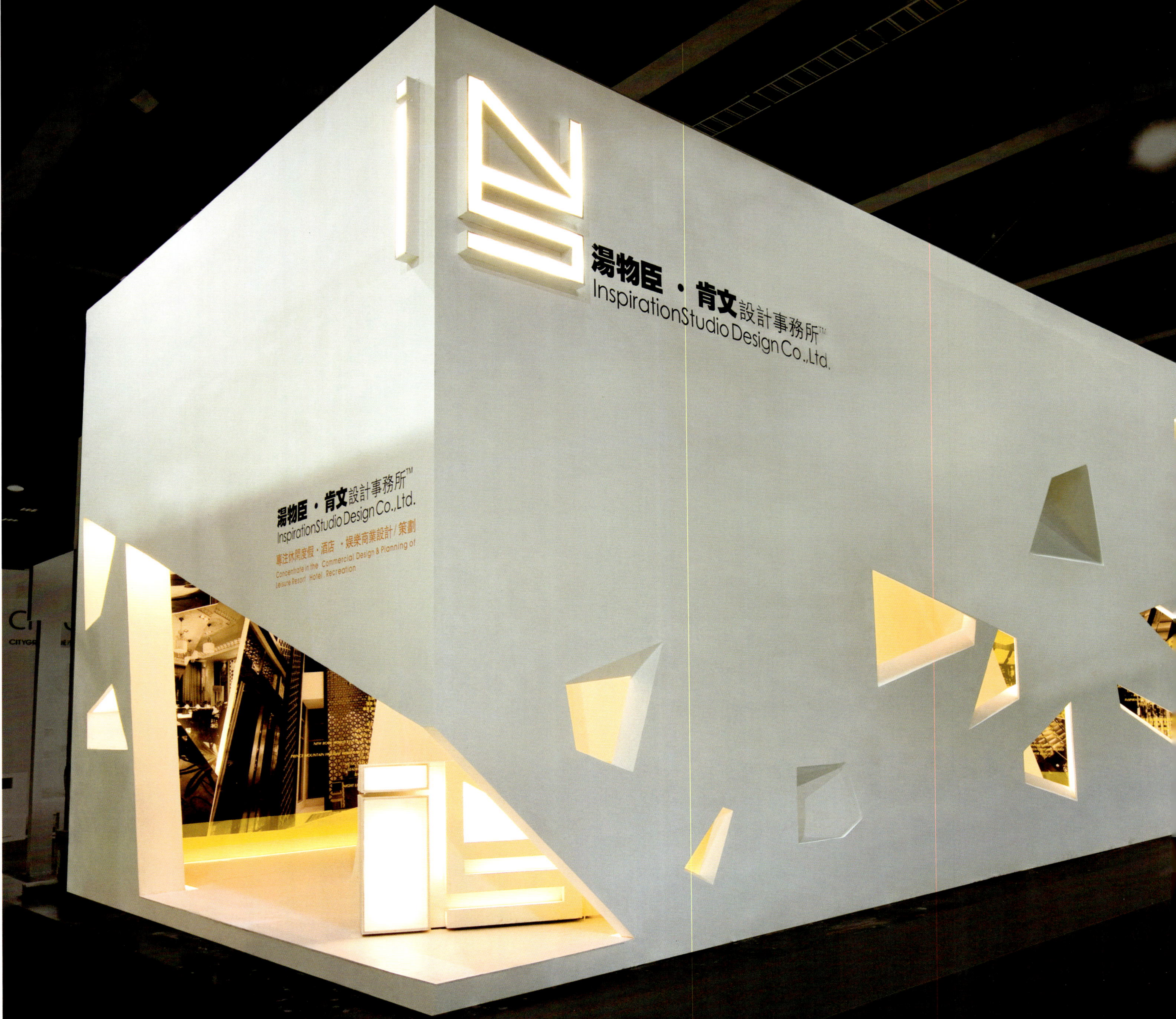
湯物臣・肯文設計事務所™
InspirationStudio Design Co.,Ltd.
湯物臣・肯文設計事務所™
InspirationStudio Design Co.,Ltd.
專注休閒度假・酒店・娛樂商業設計/策劃
Concentrate in the Commercial Design & Planning of
Leisure Resort Hotel. Recreation

2010/
2004/
2003/
BIRTH.
企業概況/

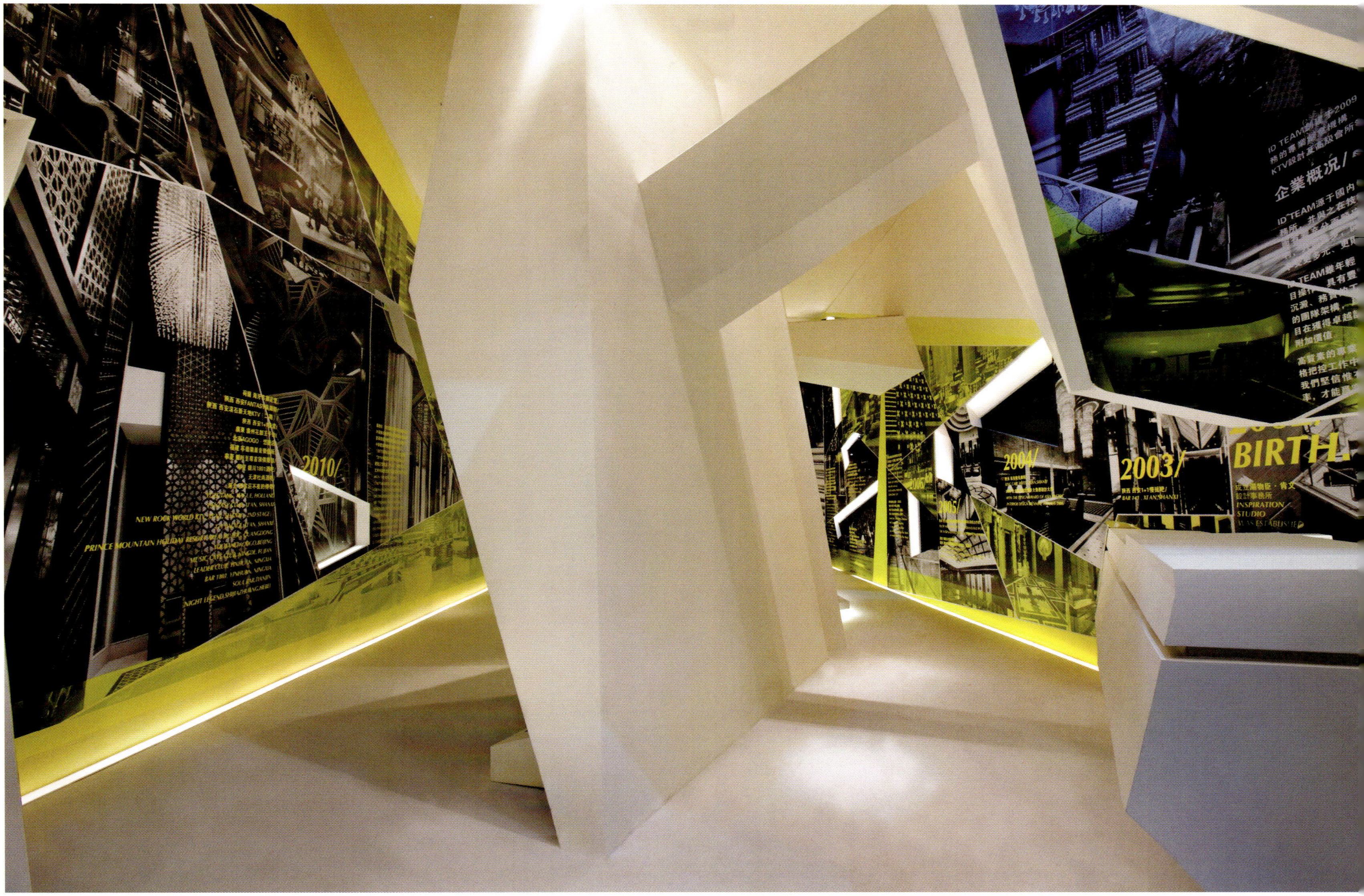

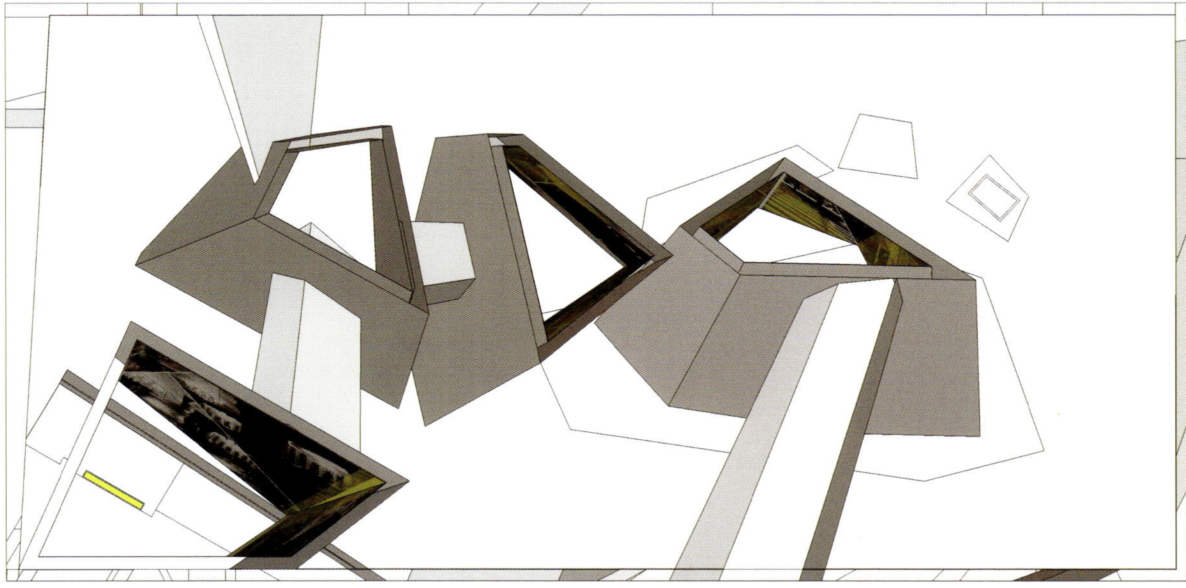

国民院子

National Yard

荣获奖项 | Space Categories

最佳展示空间设计提名奖

The Nomination for Best Design Award of Exhibition Space

设计者 | Designer

张清平 Zhang Qingping

天坊室内设计有限公司

Tien Fun Interior Planning Co., Ltd.

设计说明 | Design Illustration

国民院子 —— 空间与城市脉络的对话。

本案是中国大连的接待中心项目，为创造其特殊性与价值性，以新国民贵族为其定位。设计师透过东西文化的剪辑与交融，项目从实质线条的高低、内外交错，以抛物线依附量体的概念，建筑的虚与实，来诠释新国民贵族特色，并衍生出空间与城市脉络的精彩对话。

會議室
經理室
辦公室
儲藏室
多功能室
大模型檯
休閒區
兒童遊戲室
女洗手間
男洗手間
財務室
洽談區
接待區
水景
水景
吧檯

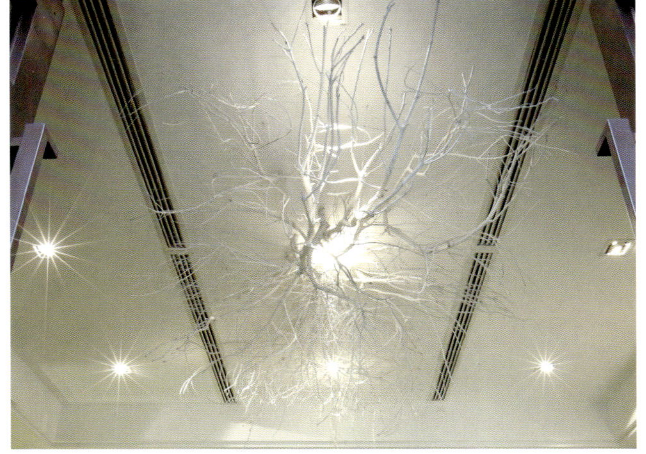

北京中建 · 国际港销售中心

Beijing ZhongJian · International Port Sales Center

荣获奖项 | Space Categories

最佳展示空间设计提名奖

The Nomination for Best Design Award of Exhibition Space

设计者 | Designer

于强 Yu Qiang

于强室内设计师事务所

Yu Qiang & Partners Interior Design Studio

设计说明 | Design Illustration

设计的灵感来于自然世界——融入各种自然元素，把自然灵气重现于室内空间之中。屋顶的灯饰是点点繁星，镜子带来的幻象引领着来访者的思绪与情感；墙壁模拟石头的天然纹路，营造出沉稳而神秘的氛围；线条硬朗、着重结构的家具是设计师对自然的想象。

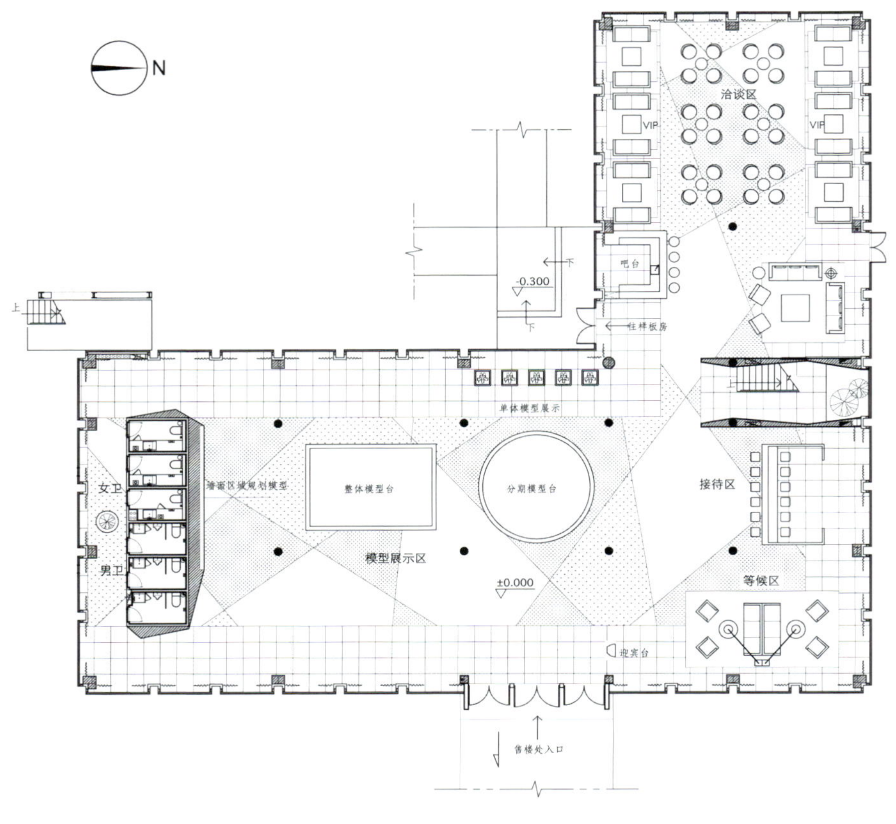
N
洽谈区
VIP
VIP
吧台
-0.300
下
下
往样板房
上
上
单体模型展示
女卫
男卫
墙面区域规划模型
整体模型台
分期模型台
接待区
模型展示区
±0.000
等候区
迎宾台
售楼处入口

青川之上 · 乐章悠扬

The River. Melodious Movement

荣获奖项 | Space Categories

最佳展示空间设计提名奖

The Nomination for Best Design Award of Exhibition Space

设计者 | Designer

张清平 Zhang Qingping

天坊室内计划有限公司

Tien Fun Interior Planning Co., Ltd

设计说明 | Design Illustration

项目空间的奢华犹如巴哈的协奏曲，以光影为前导，代替乐谱；动线转折与空间过渡是旋转的韵律；人性需要的各种机能就是高低的音符；材质接口的整体协调就如弦乐；在高低起伏的奏鸣中，打造出磅礴乐章，成就有情感且动人的空间。巴哈延伸了乐曲的空间狂想，开启音符的理性规律，塑造旋律的感性内涵。

本案的设计理念是将音乐的旋律融入到对空间的创作中。

外墙以白为主色调，呼应未来建筑的设计特色，奠定了接待中心清雅悠扬的基调。外厅是一个接待中心的门面，以层层放射的半椭圆形做外景墙的造型，远远看去如太阳从地平面升起，放射出夺目的光芒。门厅入口同样采用该造型，前后双层通透的设计，增加了空间的深邃感，光影在其间自由流转。门厅入口在细部做了三叠式展翼设计，背隐灯光，强化了建筑立面的层次感，恰如乐章的高潮。

招商金山谷工法展示厅

Golden Valley Investment Property Exhibition Hall

荣获奖项 | Space Categories

最佳展示空间设计提名奖
The Nomination for Best Design Award of Exhibition Space

设计者 | Designer

琚宾 Ju Bin
HSD水平线空间设计公司
HSD Horizontal Space Design Company

设计说明 | Design Illustration

项目主体采用透明或半透明的亚克力材料，伴着灯光，营造出一个似幽静却又生机勃勃的场所。

荷叶状的不规则展台，有着不同大小、形状和角度的斜面，方便放置不同的展览品，也人性化地考虑到了参观者的视觉体验。仿生荷叶梗的圆柱状支体也有三种规格，因此全部的展台便显得高矮错落，却又杂而不乱，透出一种无序之美，显得大气而富有装饰性。展台本身是可以发光的，映在产品或产品图片旁的光晕以及投在展台下方呈圆弧的光圈，都给整个展厅披上了神秘却又富含科技意味的气息，简约，但不简单。

展台的上方垂吊着光纤，细腻而柔软，尾端自然地微微卷曲，像简单勾勒的美人青丝。吊顶的上方藏有光线发射器，届时光会顺着一千九百余条、总长度达五千米的光纤滑落，在展厅的上方组成一片仿佛因时间停止而没来得及洒落的雨幕。光纤本身是没有颜色属性的，给予其什么颜色，便变幻为什么颜色，由此变得科幻、未知而又生动。

景观区
油烟机
煤气灶
消毒柜
墙体
柜体
墙体
墙体
马桶
手盆
沉降
龙头
投影区
项目介绍
门区
地板石材

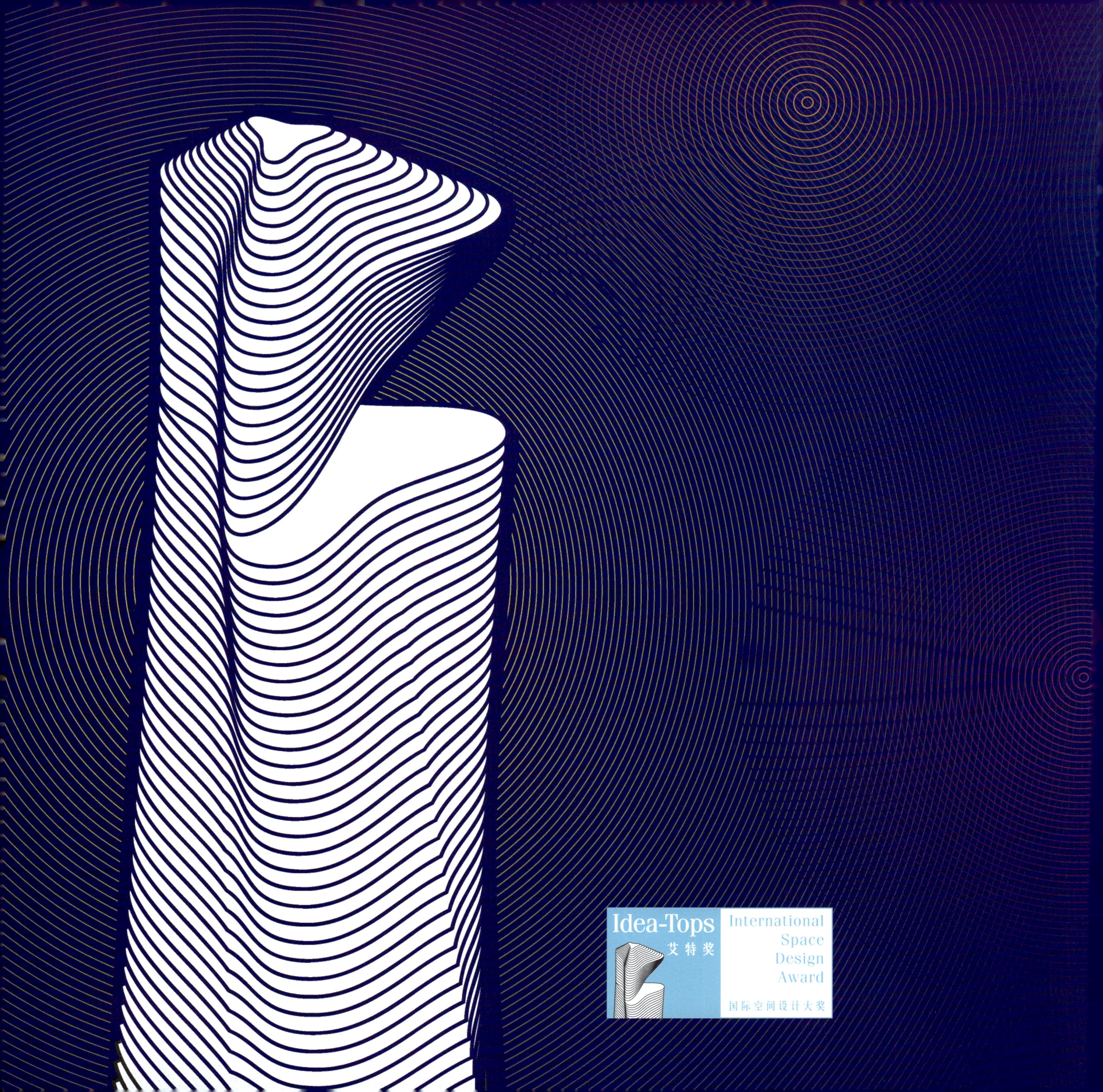
Idea-Tops
艾特奖
International
Space
Design
Award
国际空间设计大奖

2011

The Award-winning Works of Idea-Tops

2011 艾特奖获奖作品集

BEST COMMERCIAL SPACE AWARD

最佳商业空间设计奖

游·观·居·空（全德中医诊所）

YOU · GUAN · JU · KONG (Quande Chinese Medicine Clinic)

荣获奖项 | Space Categories

最佳商业空间设计艾特奖

Best Design Idea-Tops Award of Commercial Space

设计者 | Designer

张清平 Zhang Qingping

天坊室内计划有限公司

Tien Fun Interior Planning Co., Ltd.

设计说明 | Design Illustration

心灵可以依照空间光线的引导而游 —— “可游”

自然与光的围绕注满 —— “可观”

身体的舒放安居 —— “可居”

放下一切的自由开放 —— “可空”

创造一个新疗愈空间，打造一个与身体和心灵对话的情境

评委会评语 | Jury Comment

“游·观·居·空”运用精致的材料、沉稳的色彩以及恰当的图案，在适度的尺度比例中，营造出了极其符合主题意境的中医诊所空间。—— 郑曙旸

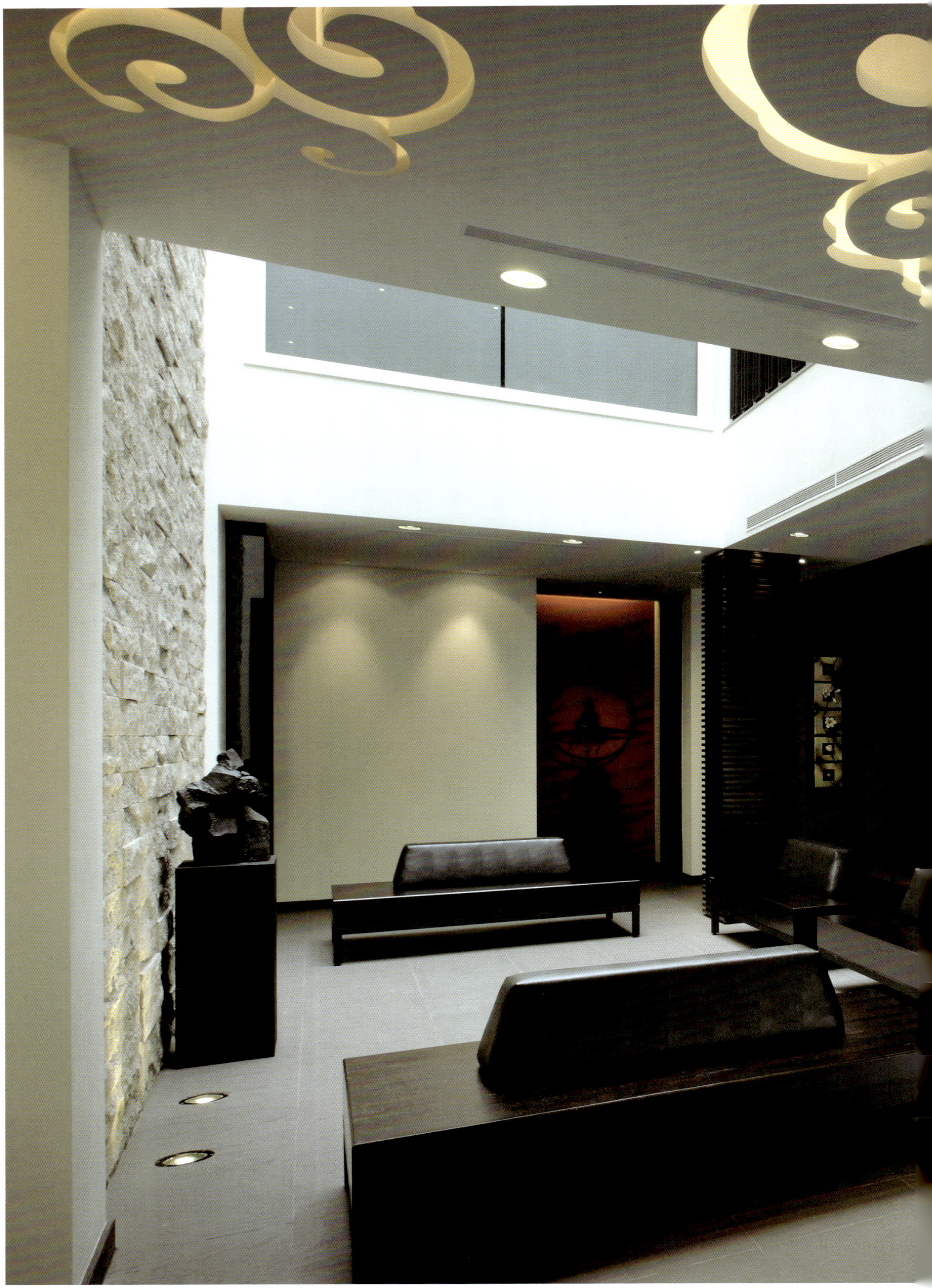

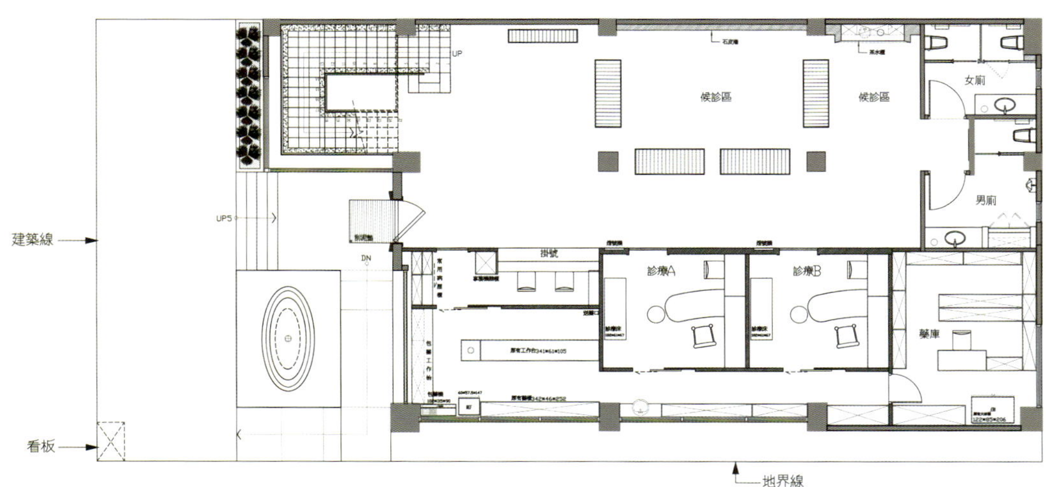
UP
候診區
候診區
女廁
男廁
UP5
建築線
DN
掛號
診療A
診療B
藥庫
看板
地界線

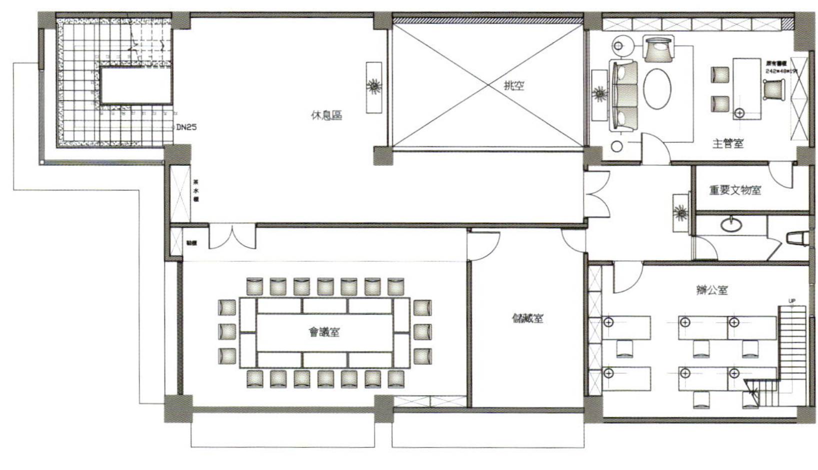
DN25
休息區
挑空
主管室
重要文物室
會議室
儲藏室
辦公室
UP

高雄101美发沙龙

Kaohsiung 101 Hair Salon

荣获奖项 | Space Categories

最佳商业空间设计提名奖
The Nomination for Best Design Award of Commercial Space

设计者 | Designer

苏一丁 Su Yiding
高雄动态设计有限公司
Kaohsiung Dynamic Design Co., Ltd.

设计说明 | Design Illustration

高雄101美发沙龙的室内设计采用了超现代的设计手法，赋予了美发沙龙一种艺术的美感。

HAIR SALON
HAIR SALON

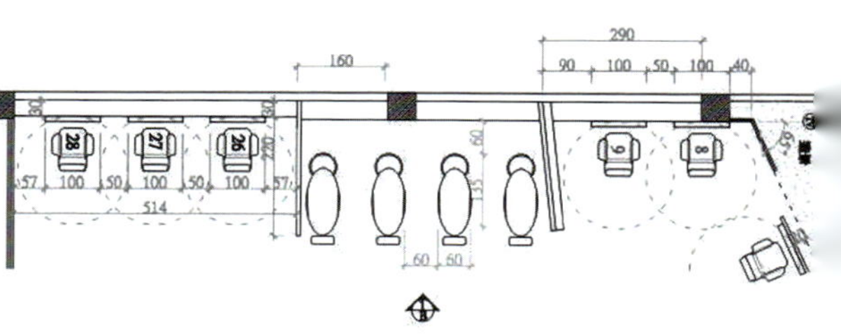

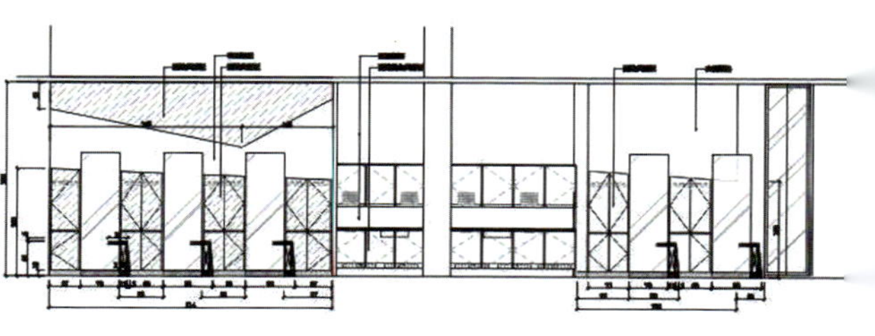

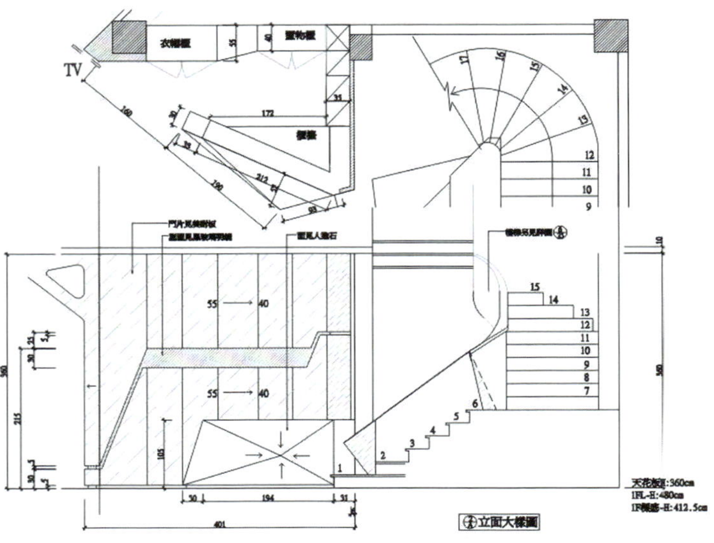

TV
衣帽櫃
1FL-H:480cm

"蜜蜂瓷砖"概念店

"Bee Ceramic Tile" Concept Store

荣获奖项 | Space Categories

最佳商业空间设计提名奖

The Nomination for Best Design Award of Commercial Space

设计者 | Designer

赵学强 Jack Zhao

香港FRS设计顾问有限公司

HongKong FRS Design Co., Ltd.

设计说明 | Design Illustration

此次概念店的设计目的是为了提升该品牌在中国市场的展示形象，强化产品特征，并结合中国国情及消费特点，将国际、时尚、经典、品质、专业等元素导入到展示空间设计中。

基于该品牌商品色彩纷呈和花样、肌理多样化等特质，为更好展示其形象，我们在设计之初，就将光照环境放在了首要位置进行定位。从灯具的选择、光源的确定、能耗的控制、利用最新的电脑技术进行光效节能模拟测试，到后期的调整等，都进行了反复而细致入微的研究，以获得动感、灵活、可控的照明环境。整个设计以光为媒介，强调商品的艺术化、戏剧化、焦点化，营造出舒适的购物空间，在商品与顾客之间建立了更准确、更信赖的信息沟通关系，并通过智能化控制及高效新型光源的选用，达到了节能、环保、低碳的目的。

IMOLA
IMOLA
IMOLA
IMOLA
AGAR
EGEUM

IMOLA
IMOLA
IMOLA

GARA世界名牌精品店

GARA World Top-Brand Boutique

荣获奖项 | Space Categories

最佳商业空间设计提名奖

The Nomination for Best Design Award of Commercial Space

设计者 | Designer

陈列宝 Chen Liebao

深圳矩阵纵横室内设计公司

Shenzhen Matrix Interior Design Company

设计说明 | Design Illustration

GARA世界名牌精品店位于深圳大梅沙奥特莱斯购物村，是一间集合GUCCI、PRADA、MIUMIU、DIOR、FEDI等世界顶尖时尚精品的折扣店。

设计师以花为设计灵感，延伸出花瓶、花瓣、花蕾等设计元素，配合纯白色调和黑色的大背景，突显出视觉对比，营造出一尘不染的高贵气质。简约而典雅的购物环境，给独具个性的各大时尚精品品牌提供了和谐统一的展示空间。

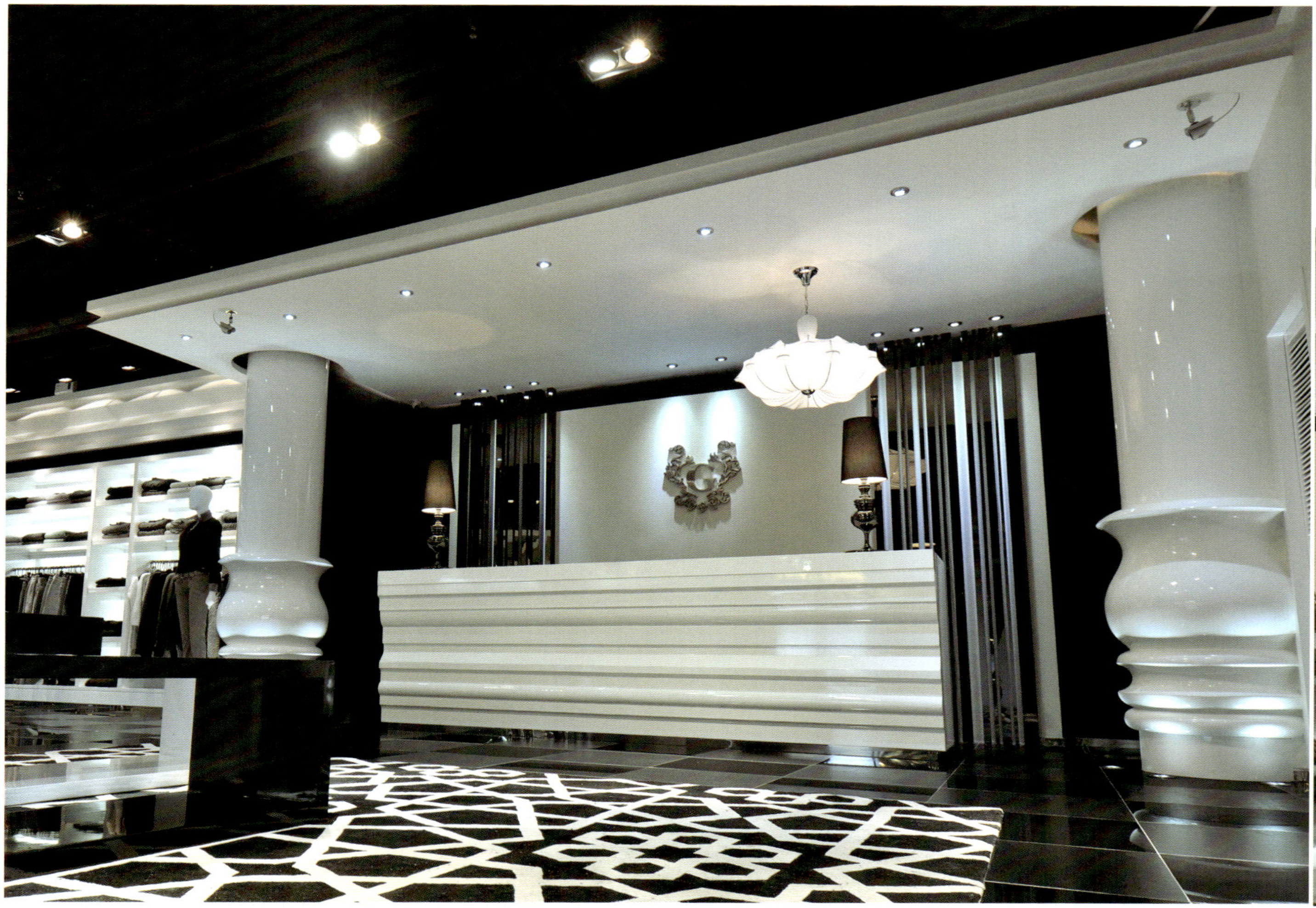

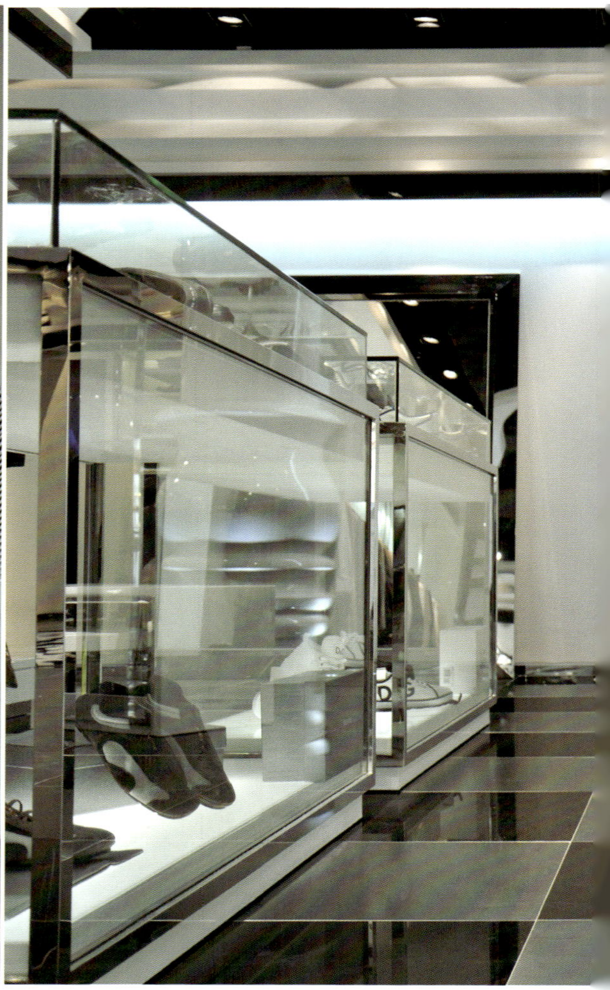

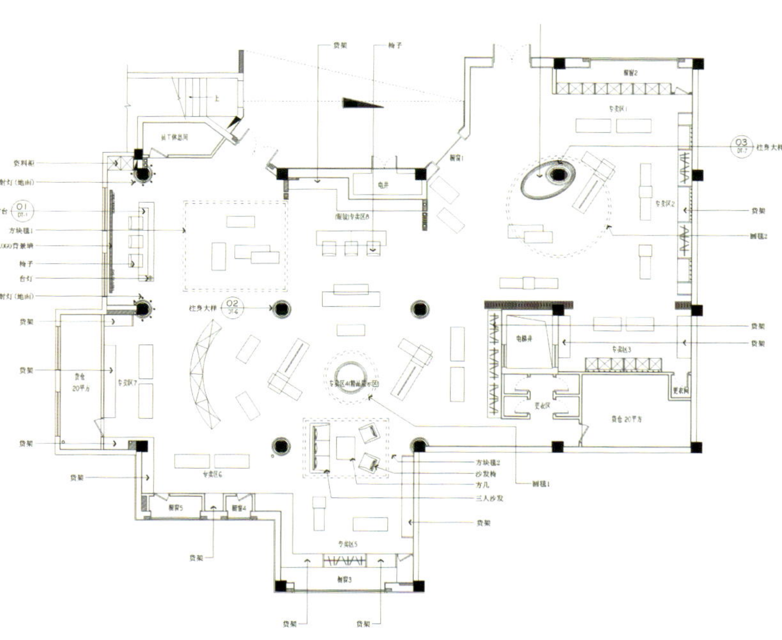

货架
椅子
员工休息间
上
资料柜
射灯（地面）
前台
01
DT-1
方块毯1
LOGO背景墙
椅子
台灯
射灯（地面）
电井
专卖区8
柱身大样
02
DT-6
货架
货架
货仓
20平方
专卖区7
专卖区4(精品展示区)
货架
专卖区6
货架
专卖区1
03
DT-7
柱身大样
专卖区2
货架
电梯井
专卖区3
货架
货架
更衣区
更衣间
货仓 20平方
方块毯2
沙发椅
方几
三人沙发
货架
专卖区5
货架
货架
货架

愿意婚纱店

Willingness Bridal Salon

荣获奖项 | Space Categories

最佳商业空间设计提名奖

The Nomination for Best Design Award of Commercial Space

设计者 | Designer

唐忠汉 Tang Zhonghan

设计说明 | Design Illustration

愿意

当我们准备踏入空间的语汇里，

白色场景里无数垂直与水平的黑色铁件装点了空间神圣的氛围。

水平空间轴线的延伸犹如红毯般一气呵成，

按比例切割的银狐石墙与凹凸的纯白墙面宛如婚纱裙摆的皱褶。

逐层而上，映入眼帘的是空间场景的转换，犹如女孩的蜕变。

大面茶镜辉映出新婚的喜悦，

白色量体如白纱般错落在玻璃隔间中，犹如女孩珠宝盒里珍藏的幸福。

借由艺术品的点缀，丰富了视觉范围；

窗外的绿意、石皮造景，犹如来自大自然的祝福；

创造出深浅有致与众不同的视觉效果。

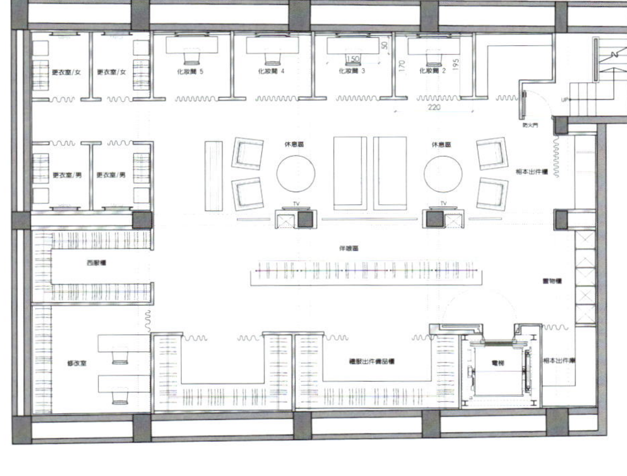

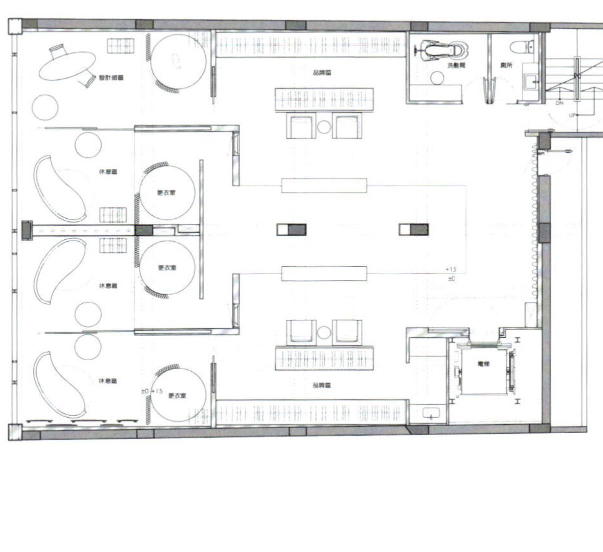

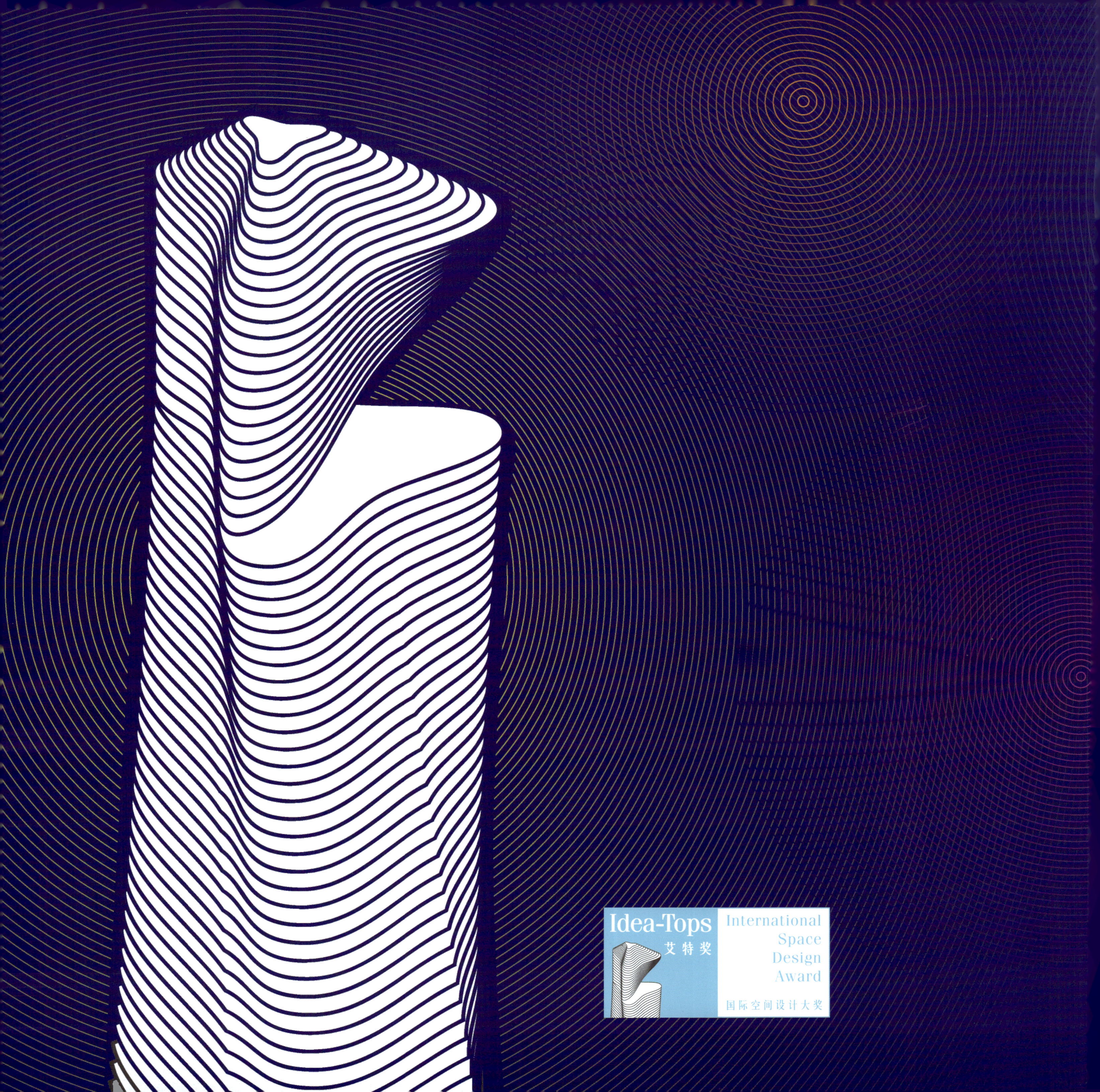
Idea-Tops
艾特奖
International
Space
Design
Award
国际空间设计大奖

2011

The Award-winning Works of Idea-Tops

2011 艾特奖获奖作品集

BEST HOTEL AWARD

最佳酒店设计奖

雅士阁美仑酒店

Ya Shi Ge Mei Lun Hotel

荣获奖项 | Space Categories

最佳酒店设计艾特奖

Best Design Idea-Tops Award of Hotel

设计者 | Designer

琚宾 Ju Bin

HSD水平线空间设计公司

HSD Horizontal Space Design Company

设计说明 | Design Illustration

酒店大堂天花的造型，保持了建筑外立面形体的一致性，蜿蜒而折回，柔软而硬朗，似无序而协调。木状的铝质材料，在突显整个空间的厚重感和品质感的同时，保持了轻松感和舒适感，体现出了商务与度假的主题。

由灰木纹大理石铺就的地面，兼顾了木与石的双重效果，华丽却感受不到张扬，满足了视觉的享受也让人产生一探究竟的好奇心。

同样是灰木纹的大理石墙壁上，镜面不锈钢材质的艺术装饰，与底下的木桩和蜡烛相互映衬。不远处的木头装饰以及更远处的铜制莲蓬，在搭配酒店整体色调的同时，散发着自然的气息。

评委会评语 | Jury Comment

酒店的天花板与外部的立面设计交相呼应，在垂直平面与平行平面的完美过渡中，实现了对建筑的补充、传承和改变。软、硬、冷、暖等不同材质运用形成了鲜明的对比，加上对圆座椅等细节设计，使整个空间都洋溢出舒适感。—— 托马斯 · 普鲁斯

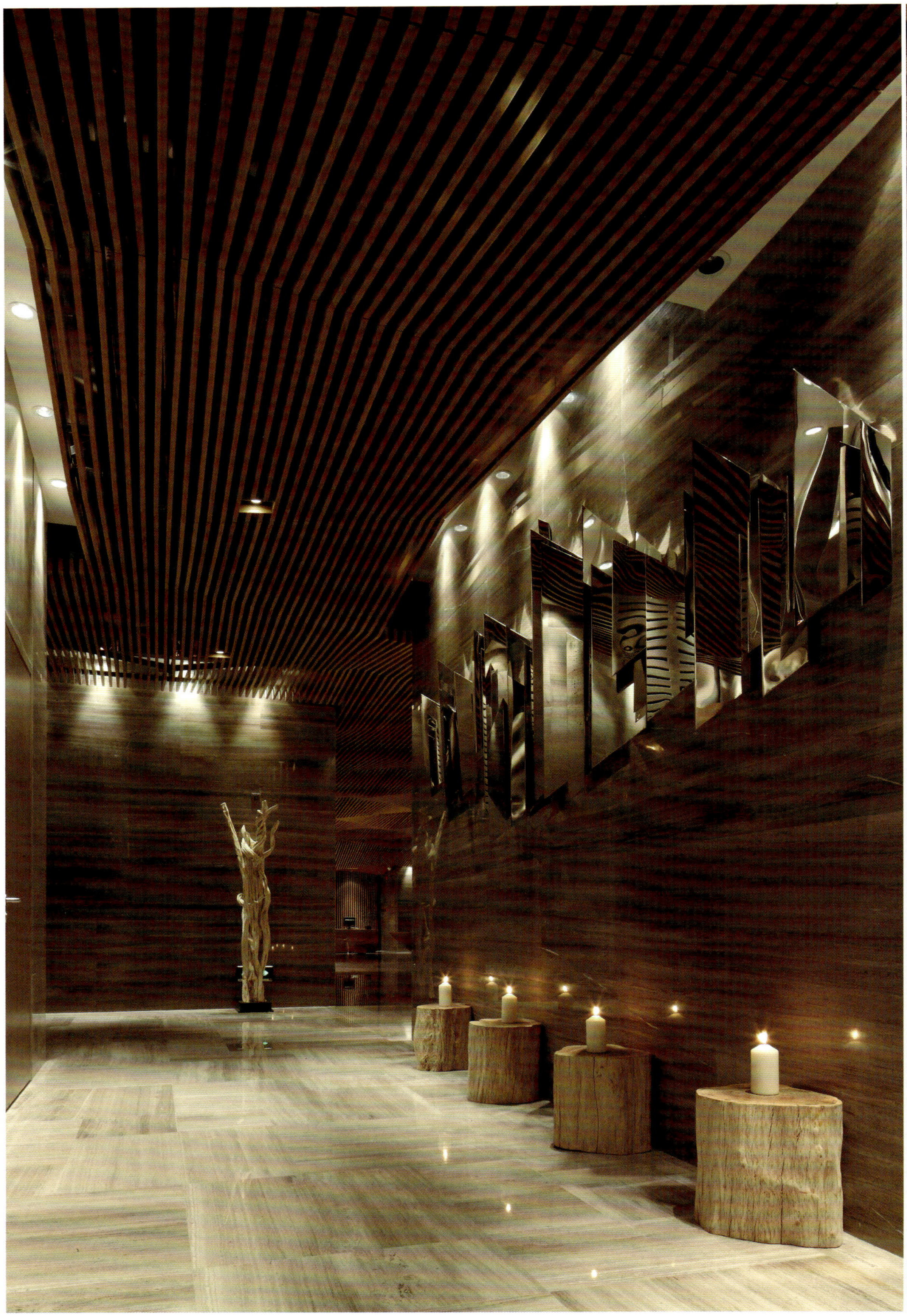

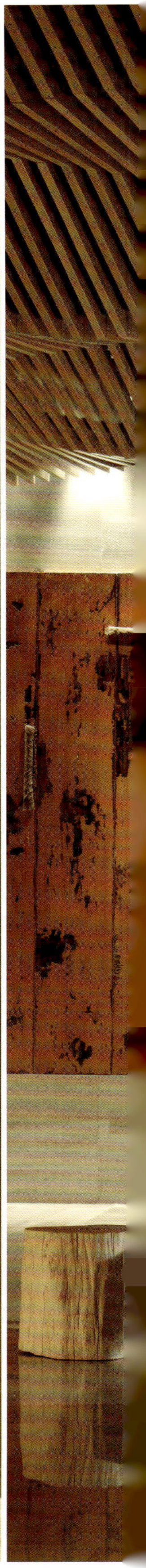

上海中亚美爵酒店

Shanghai Zhongya Grand Mercure Hotel

荣获奖项 | Space Categories

最佳酒店设计提名奖

The Nomination for Best Design Award of Hotel

设计者 | Designer

梁小雄 Jacky Leung 梁伟聪 Vitor Leung

香港维捷室内设计有限公司

HongKong J&V Interior Design Co. Ltd.

设计说明 | Design Illustration

上海中亚美爵酒店作为法国雅高酒店管理公司美爵酒店旗舰店,在2010年《Best Life · 香格里拉》杂志酒店评选中被授予"2010年最舒适卧室"奖。

本项目位于城市中心，处于嘉里不夜城商业区的核心位置，毗邻上海火车站。酒店有25层，顶楼设置行政酒廊和行政豪华房。酒店内设有豪华精致的客房及主体套房，设计别具一格，完美糅合了现代时尚的独特韵味，为宾客提供清新优雅的环境和24小时的个性化贴心管家式服务。

20年前的中亚美爵酒店翻新后,客房和酒店公共区都得到了扩展,有限的空间经过精心的设计获得了新生。裙楼与塔楼之间增建了酒店大堂吧和能容纳400人的宴会厅。大堂里设计了图书吧和恒温玻璃红酒库。酒店设计风格时尚典雅，以法国式的高雅和品味为准则，坚持华贵、优质的设计路线，糅合了上海小资情调和历史感。大堂的墙面镶嵌着表现上海火车站百年变迁的主题艺术品。

LED 室内照明电源驱动技术研讨会

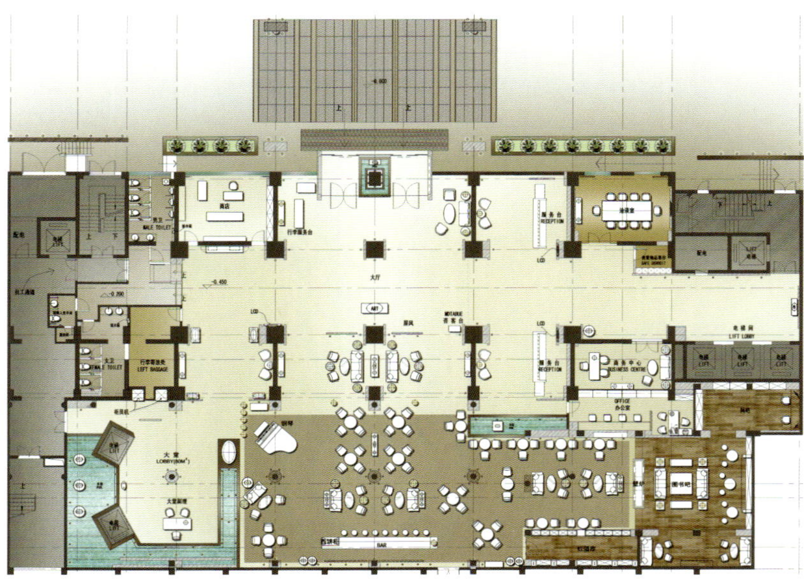

上海中亚美爵酒店

Shanghai Zhongya Grand Mercure Hotel

荣获奖项 | Space Categories

最佳酒店设计提名奖

The Nomination for Best Design Award of Hotel

设计者 | Designer

梁小雄 Jacky Leung 梁伟聪 Vitor Leung

香港维捷室内设计有限公司

HongKong J&V Interior Design Co. Ltd.

设计说明 | Design Illustration

上海中亚美爵酒店作为法国雅高酒店管理公司美爵酒店旗舰店,在2010年《Best Life · 香格里拉》杂志酒店评选中被授予“2010年最舒适卧室”奖。

本项目位于城市中心，处于嘉里不夜城商业区的核心位置，毗邻上海火车站。酒店有25层，顶楼设置行政酒廊和行政豪华房。酒店内设有豪华精致的客房及主体套房，设计别具一格，完美糅合了现代时尚的独特韵味，为宾客提供清新优雅的环境和24小时的个性化贴心管家式服务。

20年前的中亚美爵酒店翻新后,客房和酒店公共区都得到了扩展,有限的空间经过精心的设计获得了新生。裙楼与塔楼之间增建了酒店大堂吧和能容纳400人的宴会厅。大堂里设计了图书吧和恒温玻璃红酒库。酒店设计风格时尚典雅，以法国式的高雅和品味为准则，坚持华贵、优质的设计路线，糅合了上海小资情调和历史感。大堂的墙面镶嵌着表现上海火车站百年变迁的主题艺术品。

POWER
LED 室内照明电源驱动技术研讨会

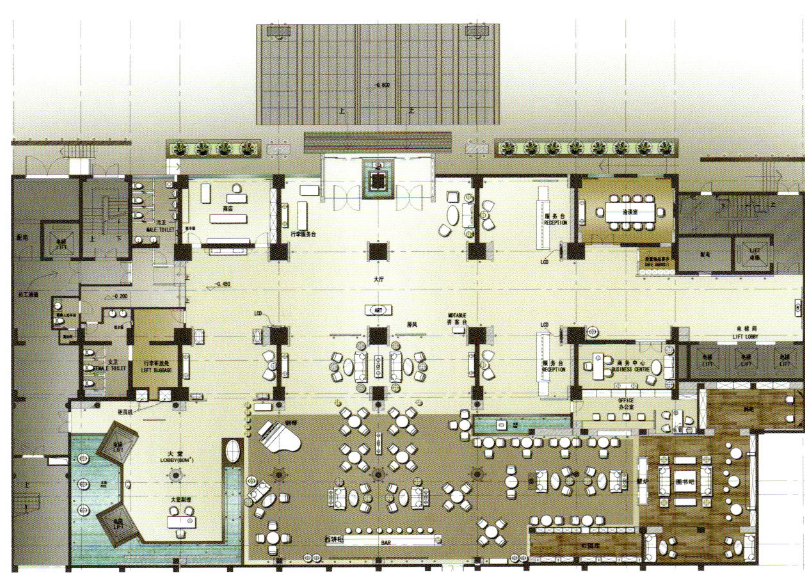

澄江抚仙湖悦椿度假酒店

Chengjiang Fuxian Lake Angsana Resort Hotel

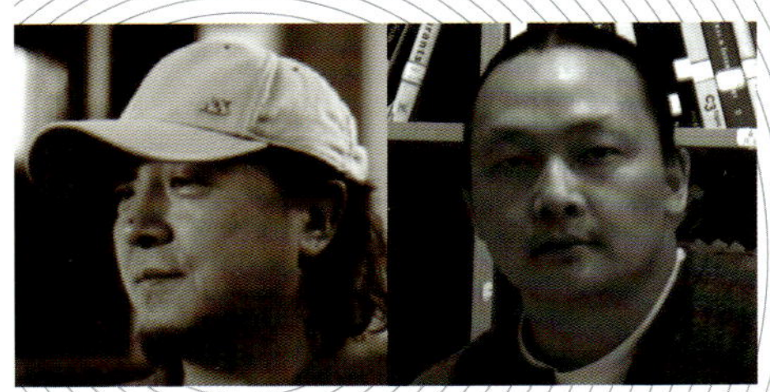

荣获奖项 | Space Categories

最佳酒店设计提名奖

The Nomination for Best Design Award of Hotel

设计者 | Designer

林迪 Lin Di 何德鑫 He Dexin

昆明瑞山装饰工程有限公司

Kunming Ruishan Decoration Engineering Co., Ltd.

设计说明 | Design Illustration

本项目是云南首个大型国际顶级度假酒店，坐落于澄江抚仙湖与帽天山之间，背山面水，可谓是放松、调养身心的理想选择。酒店拥有各类客房，其中包括海景公寓部分的5种户型单间或套房，更有精致酒店部分的标准客房、湖景别墅、总统套房等。酒店同时还设有大型湿地公园、悦椿SPA、9个不同主题的餐饮休闲场所、悦椿阁精品店以及众多高端度假设施。精心营造的度假氛围，与抚仙湖的自然原味完美搭配，浪漫与舒适、高雅与精致相得益彰。

张家界阳光酒店

Zhangjiajie Sunshine Hotel

荣获奖项 | Space Categories

最佳酒店设计提名奖
The Nomination for Best Design Award of Hotel

设计者 | Designer

洪忠轩 Hong Zhongxuan 黄旭东 Huang Xudong
HHD假日东方国际酒店设计机构
HHD Holiday East International Hotel Design Institution

设计说明 | Design Illustration

张家界阳光酒店地处风景秀丽的张家界市新城区核心地段，以其丰富独特的旅游资源闻名遐迩。酒店设计充分利用当地民间的苗族与土家族服饰的装束、纹样风格以及器乐文化元素，体现当地独有的文化特色。

在承接此酒店项目前，有部分通道已铺设石材，宴会厅天花也已完成造型吊装。我们较遗憾地保留了部分前次设计的装饰，通过对酒店大堂、主体建筑内客房区域等核心位置的设计，将细小精湛的文化放大为酒店的精髓思想,重新深入地诠释了风景秀丽的张家界，成为此地必去的实用型白金五星驿站。

常州恐龙谷温泉度假酒店

Changzhou Dinosaur Valley Hotspring Resort

荣获奖项 | Space Categories

最佳酒店设计提名奖

The Nomination for Best Design Award of Hotel

设计者 | Designer

薛峰 Xue Feng

深圳市寅界建筑室内设计有限公司

Shenzhen Yinjie Architecture Interior Design Co., Ltd.

设计说明 | Design Illustration

常州恐龙谷温泉酒店是中国首家史前主题温泉度假中心。占地28 000 m^2，一期开发7 000 m^2，投资近6亿元人民币，是中国第五代主题温泉的代表作品。

本案毗邻常州恐龙园，拥有夺目而富有动感的外观，室内秉承从生态、健康、时尚、典雅的建筑设计原则。室内温暖自然、隐秘闲适，巧妙糅合现代、传统、自然、舒适等特点，展现城市绿洲的平静特色。本案整体以花、木为主题，并以自然光线及灯光作为重要的设计元素。采用天然的麻木和原木，给人回归自然的感觉。原木墙壁、木地板、棉麻织品构成典雅别致的自然气息。步入此间，可枕着大自然的气息陶醉其中，金属质感的材料在木色森林中游走，装潢瑰丽。整个项目中各个独特空间相互融合，营造出一步一景的效果。

Idea-Tops
艾特奖
International
Space
Design
Award
国际空间设计大奖

2011

The Award-winning Works of Idea-Tops

2011 艾特奖获奖作品集

BEST ENTERTAINMENT SPACE AWARD

最佳娱乐
空间设计奖

福州夜光杯酒吧

Fuzhou Magic Cup Bar

荣获奖项 | Space Categories

最佳娱乐空间设计艾特奖

Best Design Idea-Tops Award of Entertainment Space

设计者 | Designer

李川道 Li Chuandao

设计说明 | Design Illustration

设计师在此空间里主要表达的是巧妙的光影处理。门厅处，纯洁的白玫瑰木饰成为灯源的最佳配饰，镜面的设置使得灯光层次感更为丰富，制造出浪漫的第一视觉感观。酒吧内，一个个夜光杯散射出绚烂的灯光，营造出焕彩优雅的氛围，整个空间如同沐浴在温暖的深海之中，浪漫的气息宛若鱼群在空间中肆意窜动。点状的灯光从天花板倾泻而下，吧台处晶莹的泡泡在闪烁，光影虚实间，美在流动。此外，设计师对于空间的区域过渡划分也十分巧妙，采用了有趣的隔断手法，飘扬的曲线围合及环绕的夜光杯既打破空间秩序，又塑造了秩序，增添了空间的时尚质感，起起伏伏的节奏犹如悠扬的琴声四处涌动。同时，设计师也巧妙地将低碳概念融入空间创作之中，大部分灯光均为低压照明，既节省了商业成本，也是出于空间环境的深层思考。

评委会评语 | Jury Comment

福州夜光杯酒吧摆脱了传统设计风格及习惯的拘束,以一种新颖的设计形式出现。酒吧空间仿佛是遥远的宇航空间站，又好比是蔚蓝的深海，将娱乐空间的表现手法推向了另一个境界。——若山滋

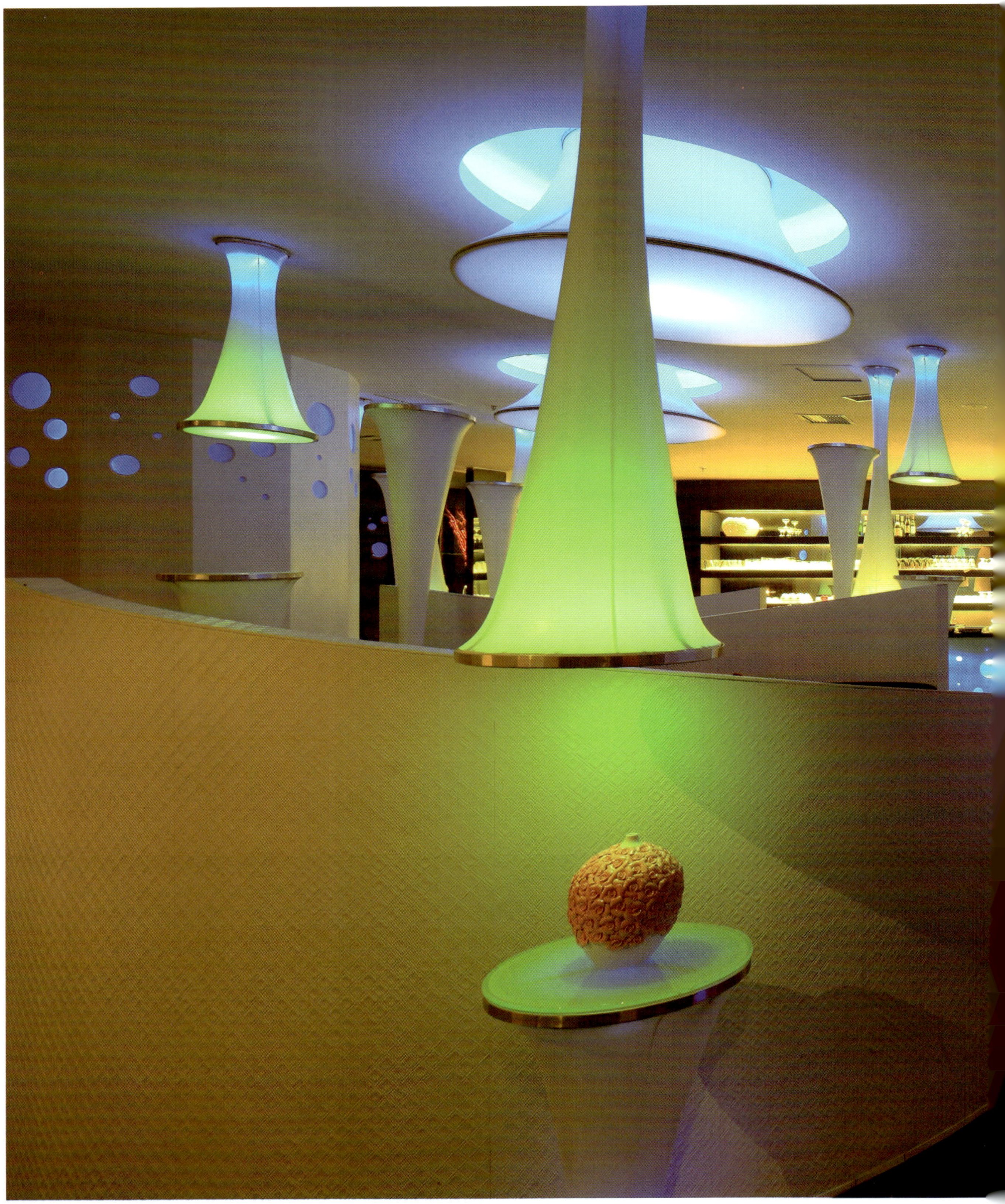

帝豪花园酒店梦剧院高街会所

Dream Theater in Royal Garden Club

荣获奖项 | Space Categories

最佳娱乐空间设计提名奖

The Nomination for Best Design Award of Entertainment Space

设计者 | Designer

梁小雄 Jacky Leung

香港维捷室内设计有限公司

HongKong J&V Interior Design Co., Ltd.

设计说明 | Design Illustration

本案是一所令人惊异的会所项目，它颠覆了喧闹浮夸的娱乐会所一贯的设计风格，以低调的奢华、精彩纷呈令人流连。设计师在1 800 m^2的面积内设计了11个包间，宽阔的走道令会所气派非凡，包房的主题来自11个世界奢侈品牌，比如：Hennessy, Hermes, Chanel, Moet & Chandon等。设计的元素皆源自于奢侈品牌的手袋、包装盒、服装元素、丝巾以及颜色。每款包间地毯的设计都是独一无二的，会所设计最终的目标是希望为宾客带来一次独特的品牌之旅。

FIXTURE & FURNISHING PLAN

一层平面布置图　　SCALE 1:200

东莞朝皇国际俱乐部

Dongguan Chaohuang International Club

荣获奖项 | Space Categories

最佳娱乐空间设计提名奖

The Nomination for Best Design Award of Entertainment Space

设计者 | Designer

薛峰 Xue Feng

深圳市寅界建筑室内设计有限公司

Shenzhen Yinjie Architecture Interior Design Co.,Ltd.

设计说明 | Design Illustration

浓烈的红、迷幻的镜面，还有肆意挥洒的热情，美轮美奂；珊瑚形的墙面，流线形的设计，让人一眼望不到尽头却又一想探究竟，这一切都源于设计师对大海的憧憬。

进入门厅，红色鸡皮绒硬包的妖艳与灰镜天花的冷峻产生了强烈的对比，特别是在LED光纤灯的烘托下，更是让那抹红纯粹地让人窒息，让人蠢蠢欲动，给人留下极其深刻的印象。玻璃桥地面，透出LED彩色光管的灯影变化，你会发现光影世界是如此丰富。波浪形墙面嵌有不锈钢包镜，不经意地一瞥，也能有惊艳的感觉。来到丽人吧，四面环绕的珊瑚形玻璃钢为人们提供了独特的看景，镂空的设计既有艺术感又不阻隔视线，在LED灯的照射下，透出一股鬼魅的气息。前方的LED电子显示屏播放着动感的舞曲，椭圆的玻璃镜面让舞者更加自信，在这里，可尽情享受DJ们带给你的热辣与振奋，整个空间在白色的大理石吧台的衬托下，显得越发冷傲，越发绝艳。天花局部采用裸顶设计，黑色的裸顶既与红色天花形成色彩对比，又丰富了整个空间的层次，更平添了几分神秘感。侧墙与地面的灰镜装饰中穿插电闪般的LED灯带，迷离闪烁，折射出空间百态，犹如走在时光隧道之中，动感不羁。

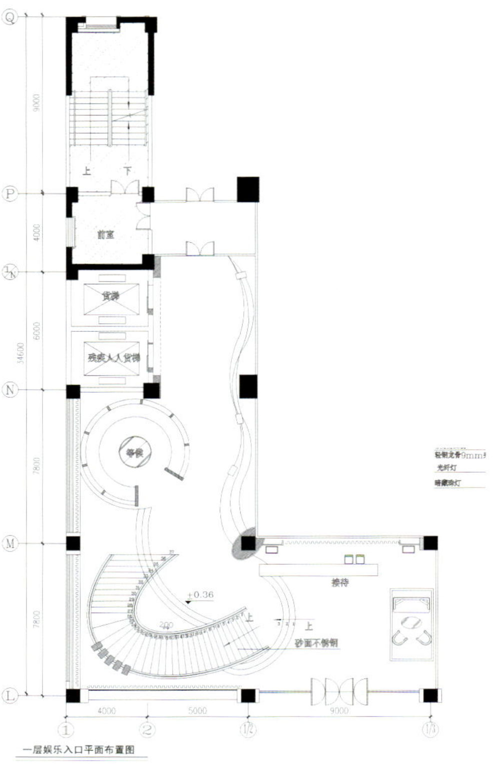
一层娱乐入口平面布置图

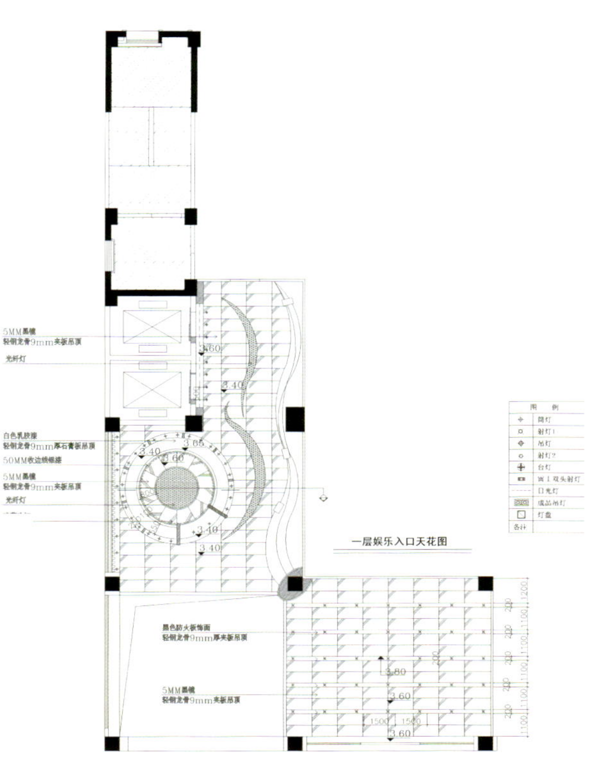
一层娱乐入口天花图

消防栓

PALACE

PALACE

荣获奖项 | Space Categories

最佳娱乐空间设计提名奖
The Nomination for Best Design Award of Entertainment Space

设计者 | Designer

汤物臣·肯文设计事务所
Inspiration Studio

设计说明 | Design Illustration

本案面向的是当地的高端消费人群，因为身处中国的著名古城西安，我们设定从历史中寻找空间元素。

圆＋方

本案大胆结合中式的“圆＋方”与西式古典理念，结合迷幻的灯光把场所的气氛调配得松紧有序。为添加更多的现代感，设计师改变空间的比例关系和线条形态，以注入更神圣的韵味。

层层递进

为建立室内的建筑感并营造出活跃温馨的人流气氛，设计上多运用阶梯的形状和层次关系进行组合。丰富的层次叠合簇拥人们自主地交流，产生商业空间中最宝贵的人气。

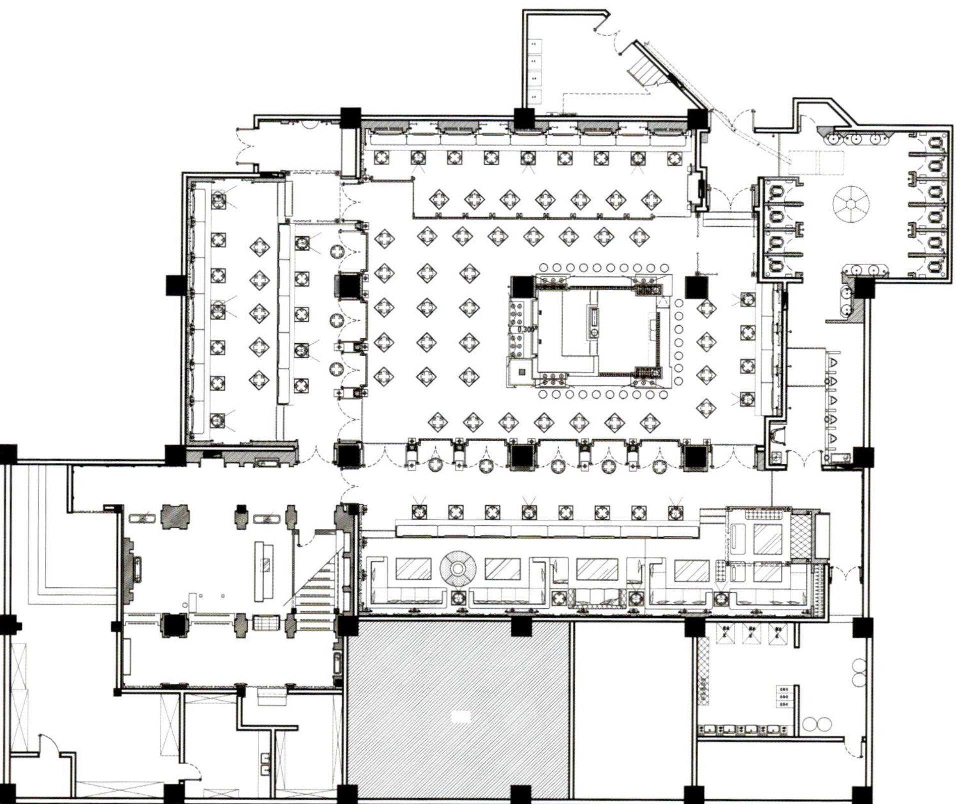

苏格兰不眠夜酒吧

Scotch Sleepless Night Bar

荣获奖项 | Space Categories

最佳娱乐空间设计提名奖

The Nomination for Best Design Award of Entertainment Space

设计者 | Designer

陈启雄 Chen Qixiong

设计说明 | Design Illustration

在美国西部，酒吧在诞生之初其是牛仔和强盗的聚集地，经过数百年的光阴变迁，它渐渐成为人们宣泄情感、消磨时光以及追求奢侈生活的地方。酒吧在中国的发展不过几十年的历史，却迅猛地蔓延、根植于城市的许多角落。

本案以棕色为主要色调，配合着复古的皮沙发和大吊灯共同打造出了一种低调的奢华。木质围栏和中式的雕花镂空穿梭其间，犹如清末在多种文化冲击之下所造成的时空混合之感。机械和齿轮造型的元素还原了酒吧诞生之初的粗犷不羁，隐隐散发着时光的厚重感。金属色调和本案的主色调相搭配，显得极为妥贴，将奢华和粗犷两种相去甚远的风格统一在了同一个空间里。

设计师利用高低错落的布局以及围栏的分隔使整体空间具有开放性又不失区域性，似隔非隔，隔而不断，顾客不仅能享受到大空间的共融性，又能拥有各自的小空间。

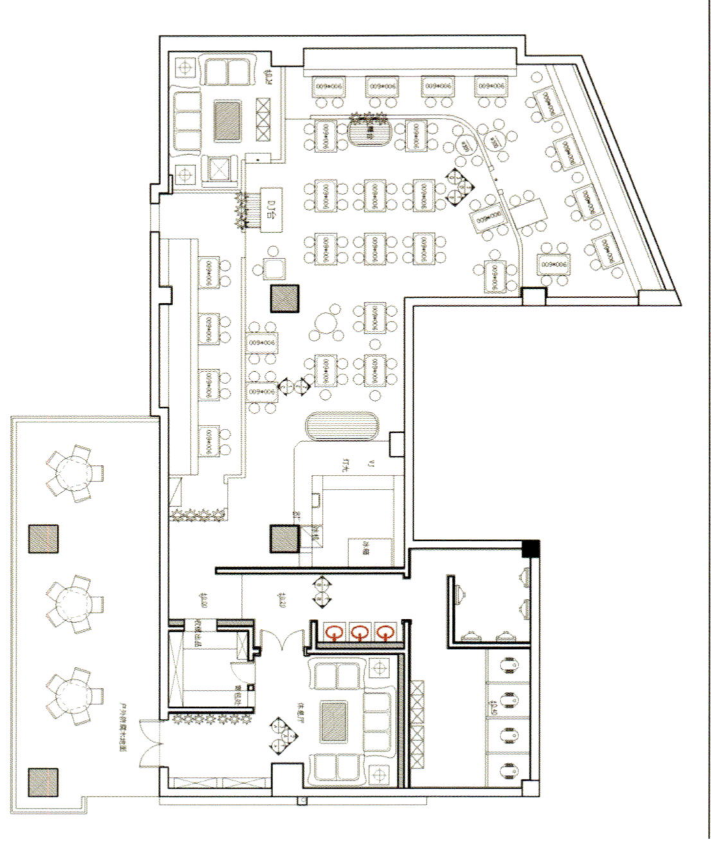

苏格蓝BAR

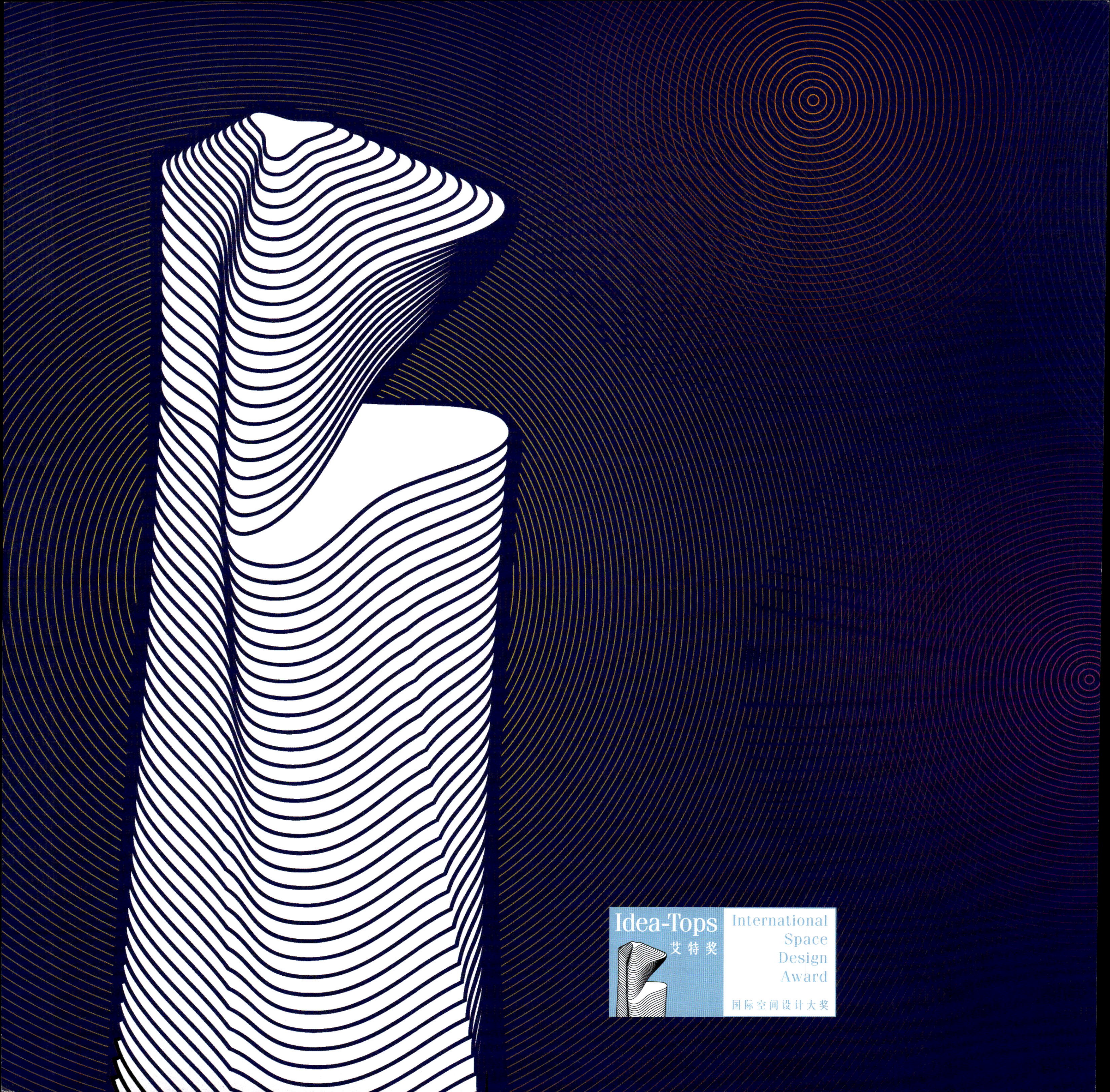
Idea-Tops
艾特奖
International
Space
Design
Award
国际空间设计大奖

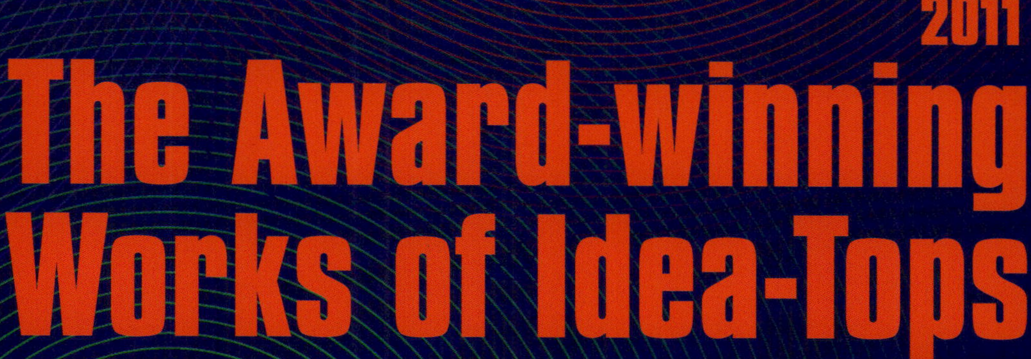

2011 艾特奖获奖作品集

BEST ART DISPLAY AWARD

最佳陈设艺术设计奖

嘉城香馥湾老上海

Jiacheng Xiangfuwan Old Shanghai

荣获奖项 | Space Categories

最佳陈设艺术设计艾特奖

Best Design Idea-Tops Award of Art Display

设计者 | Designer

陈美杏 Chen Meixing

上海元柏建筑设计事务所

Shanghai Yuanbai Architecture Design Studio

设计说明 | Design Illustration

本案处在上海外环周边，居室处于一层，是衔接地下室的复式居所。屋主希望空间功能完善、有很好的流动性，在享受之余，尽显老上海的奢华。

在开阔的空间中，设计师采用了古典与老上海风格结合的手法，居室以奢华的浅金色调配以沉稳大气的木饰面，各类复古花形纹样充斥于壁纸、软装摆件、装饰布艺中，体现该居所奢华但不繁复、内敛又不张扬的品质。各式老上海小品，如古朴的鸟笼、留声机、百乐门式的吧台陈列于居室中，茶余饭后，身处其中，音乐悠扬地响起，仿佛又徜徉于十里洋场的老上海之中，与屋主高雅的品位以及对于生活享受的态度完全相符。

评委会评语 | Jury Comment

各种元素的调用与陈设准确地体现出 19 世纪 30 年代老上海自由、轻松且高贵、优雅的氛围。对整体风格的把握和各元素的调用是“老上海”的亮点。—— 托马斯 · 普鲁斯

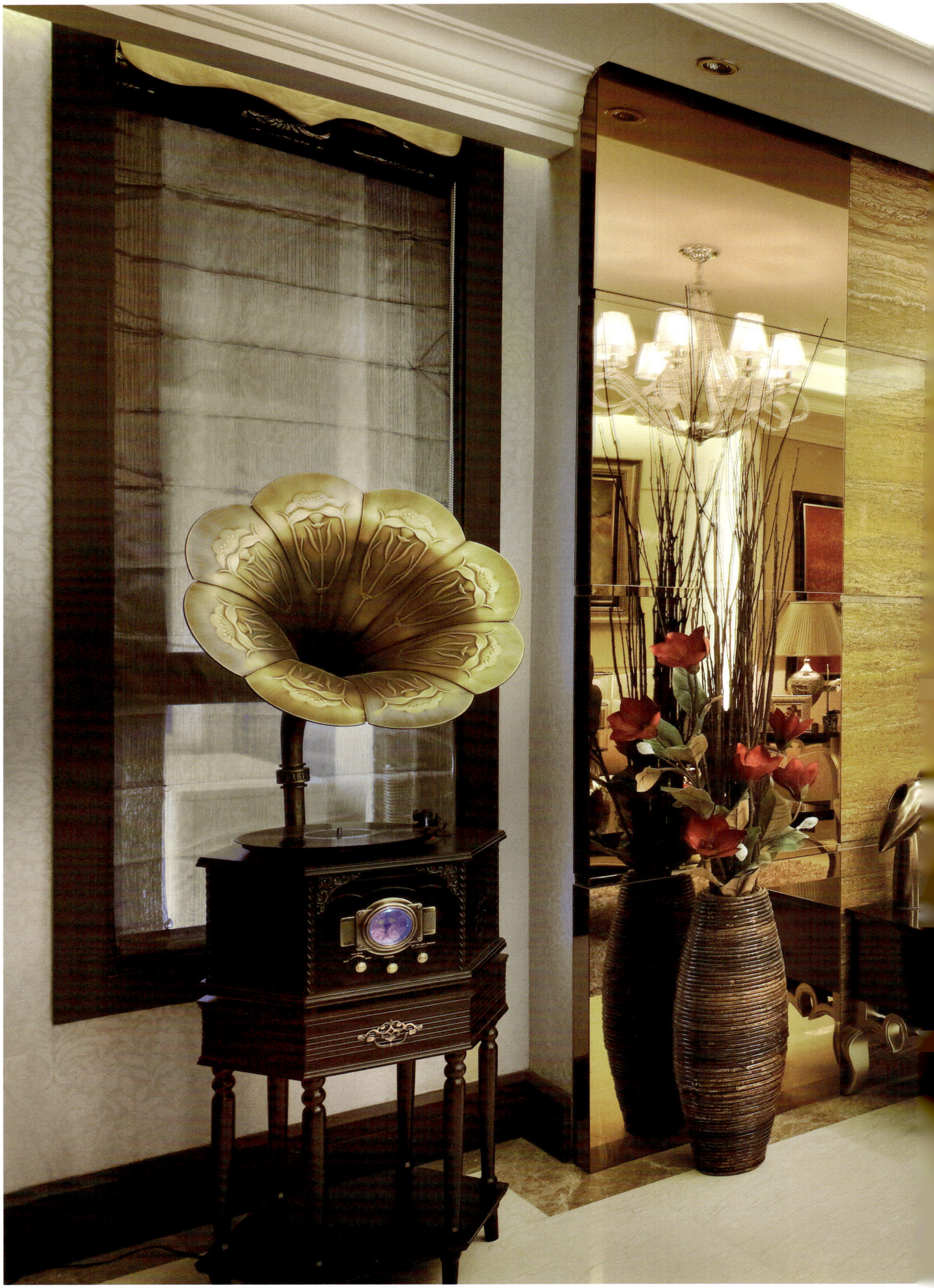

重庆野生动物世界两江假日酒店

Chongqing Wildlife World Liangjiang Holiday Hotel

荣获奖项 | Space Categories

最佳陈设艺术设计提名奖

The Nomination for Best Design Award of Art Display

设计者 | Designer

洪忠轩 Hong Zhongxuan 马侠华 Ma Xiahua

HHD假日东方国际·酒店设计机构

HHD Holiday East International Hotel Design Institution

设计说明 | Design Illustration

酒店文化设计的灵魂形象——归巢，强调回归自然与天然之美。以栩栩如生的动物造型和丰富多彩的动物纹理为设计元素，展现动物野性之美和自然界的奇幻之美。设计格调上，特别注重酒店主题的互动性；装饰手法上，则以简约华丽的风格为主线，大胆的色彩搭配运用使酒店风格与众不同；家具和陈设艺术品上，更是利用夸张的造型和丰富变幻的对比色提升空间的层次感，让整个酒店空间富有人文色彩，呈现酒店独有的互动情趣。

本项目位于重庆永川市区野生动物生态园区，是中国最大的集娱乐、休闲、度假、科普教育、野生动物等于一体的综合性大型主题园区。和大自然的完美互动是此酒店空间的特点之一。酒店的细部处处体现了人文气质和贵族情调，代表了现代人对生活品质和回归自然的崇高追求。

浅澜汇会所

Qianlanhui Club

荣获奖项 | Space Categories

最佳陈设艺术设计提名奖

The Nomination for Best Design Award of Art Display

设计者 | Designer

凌子达 Ling Zida 杨家瑀 Yang Jiayu

KLID达观国际建筑设计事务所

KLID Daguan International Architectural Design Studio

设计说明 | Design Illustration

“浅澜汇”是定位于名流人士的高端会所，整体风格是以“东南亚度假型酒店”为概念，打造新东方主义风格。会所功能包括了大堂、酒吧、茶馆、影视厅、VIP室、游泳主题馆、健身房和舞蹈教室等。

会所室内空间非常开阔，有很大的斜屋面，设计师在吊顶部分希望能够呈现出东南亚木造建筑的感觉，所以采用了“木桁架”的造型设计，并且把灯光照明融合在木行架吊顶的设计中，使整个建筑和谐并充满东南亚式的新东方主义风情。

上海华润佘山九里别墅样板房

Shanghai CRLAND Sheshan Jiuli Villa Show Flat

荣获奖项 | Space Categories

最佳陈设艺术设计提名奖

The Nomination for Best Design Award of Art Display

设计者 | Designer

上海高迪建筑工程设计有限公司

Shanghai Gaodi Architectural Engineering Design Co., Ltd.

设计说明 | Design Illustration

本项目是高端豪宅的范本。家具以芭蕾舞为原型，在细节上采用细致典雅的雕花，玲珑起伏，尽显柔美。华丽的水蓝色缎面及带有卷草元素的古典烛台，浪漫清新之感扑面而来；水晶与金的结合是如此的富丽堂皇，印象派的古典油画给整个空间增加历史文化气息，彰显了“法式宫殿”的皇家风范。

颐和华城之我的生活

My Life in the Yihehua City

荣获奖项 | Space Categories

最佳陈设艺术设计提名奖

The Nomination for Best Design Award of Art Display

设计者 | Designer

史以宽 Shi Yikuan

设计说明 | Design Illustration

本案地处上海中环大华地区，居室面积不大，适合年轻小夫妻居住。屋主希望在不大的空间里，既有全家其乐融融的沟通，又可给予各自私密的空间。设计师采用大量的现代装饰元素，简洁、干净的装饰线条，温暖的浅色布艺，各式的软装小品来烘托气氛。客厅与书房功能性的结合，以及与露台的衔接，体现了设计师对居室的功能性、空间流动性的把握。儿童房的明快，卧室的简洁、大方，照顾到每位居住者的要求。

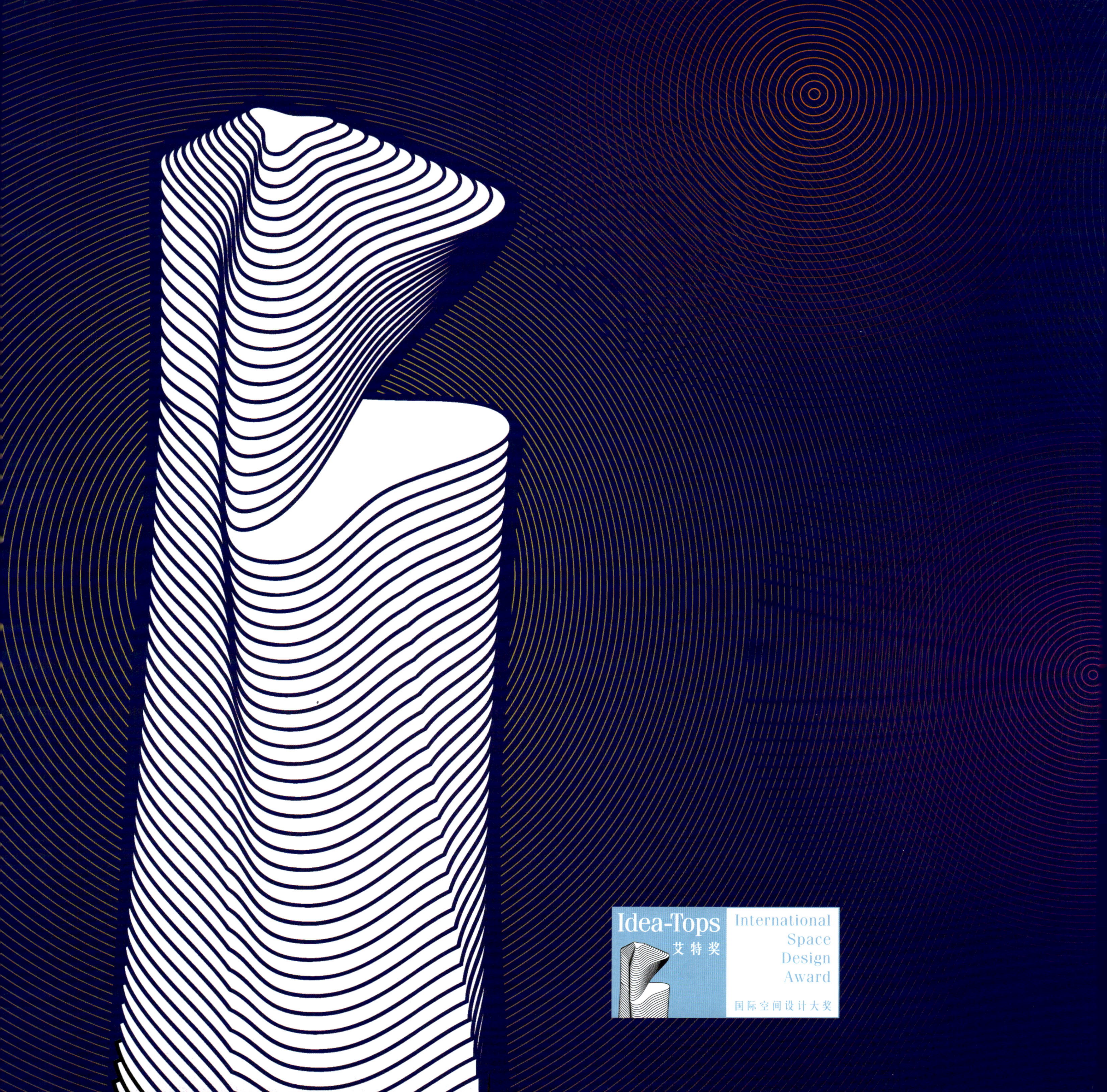
Idea-Tops
艾特奖
International
Space
Design
Award
国际空间设计大奖

2011

The Award-winning Works of Idea-Tops

2011 艾特奖获奖作品集

BEST LIGHTING DESIGN AWARD

最佳灯光设计奖

光与时光

Light That Matters

荣获奖项 | Space Categories

最佳灯光设计艾特奖

Best Design Idea-Tops Award of Lighting Design

设计者 | Designer

北京远瞻照明设计有限公司

Beijing Z dp (Design & Planning) Co., Ltd.

设计说明 | Design Illustration

照明，是对自然光和人工光的使用。

在中国，照明作为一个行业起步于 20 世纪 90 年代。由于环境的特殊性，照明在中国的发展情形与国外有很多不同。在大量实践和学习、研究的基础上，对于照明，我们逐渐开始形成自己的理解，并且开始希望把我们的理解表达到我们的实践中去。

评委会评语 | Jury Comment

利用光来控制整个空间，给人无限的遐想，令人产生简洁而强烈的美感，这座由老厂房改造而成的美术馆在灯光设计上是相当成功的。——若山滋

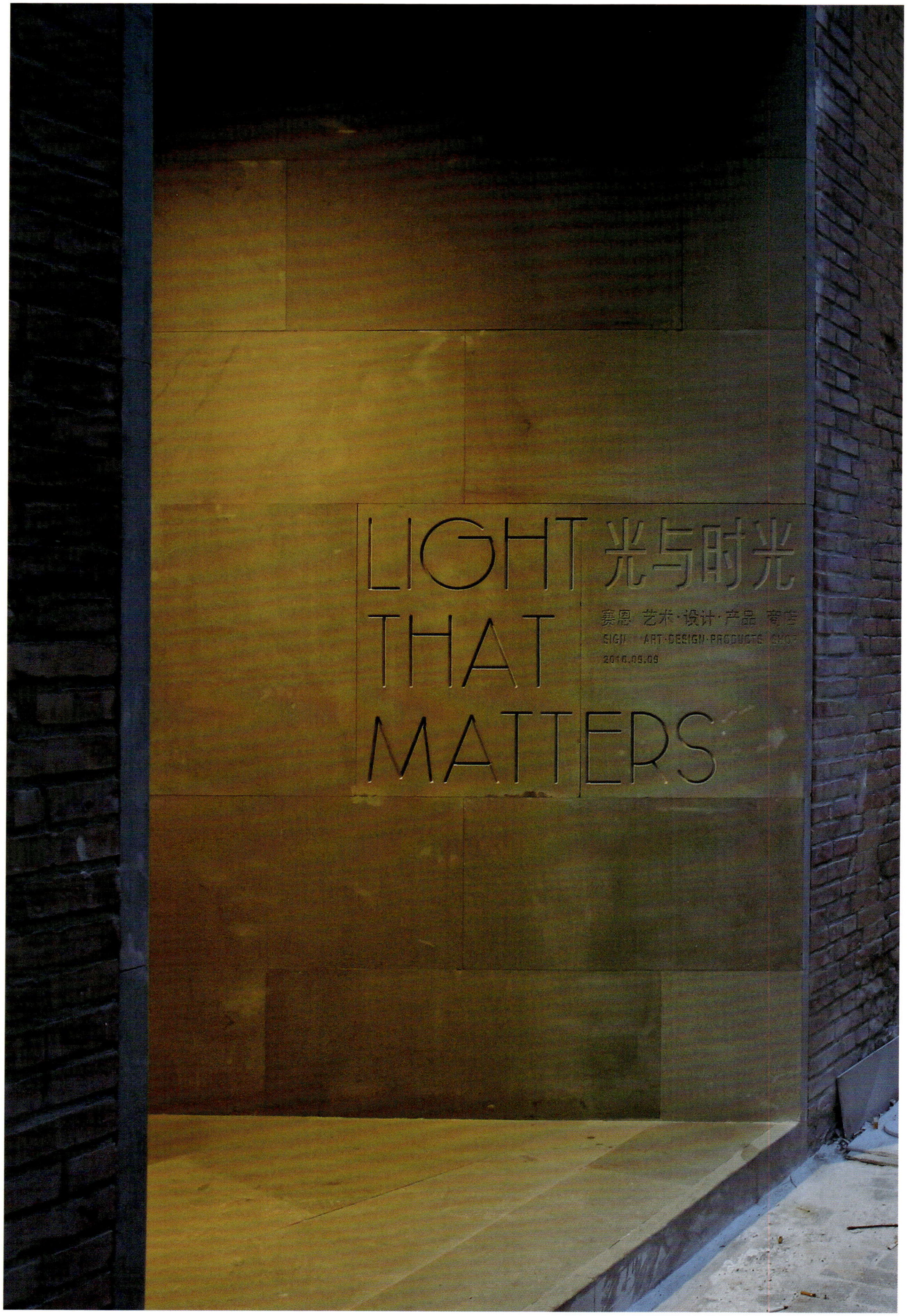

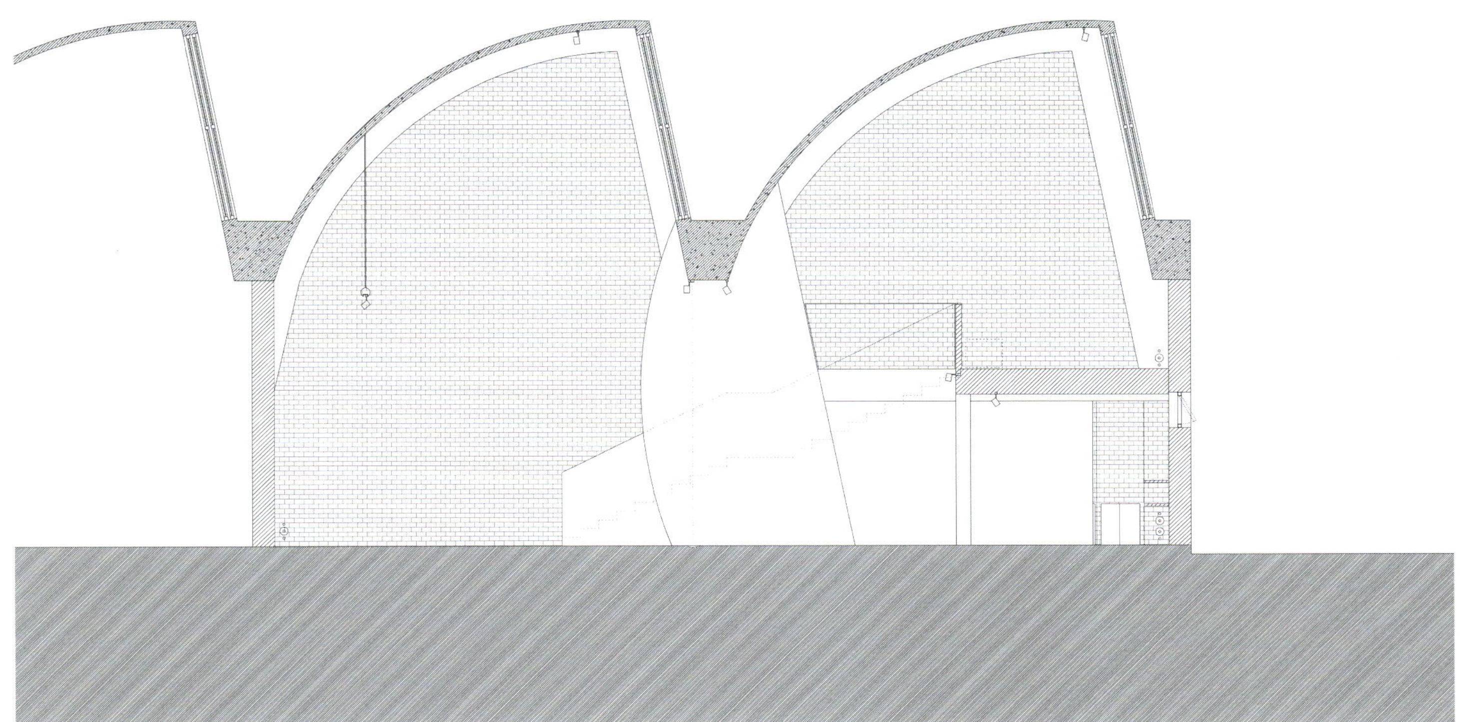

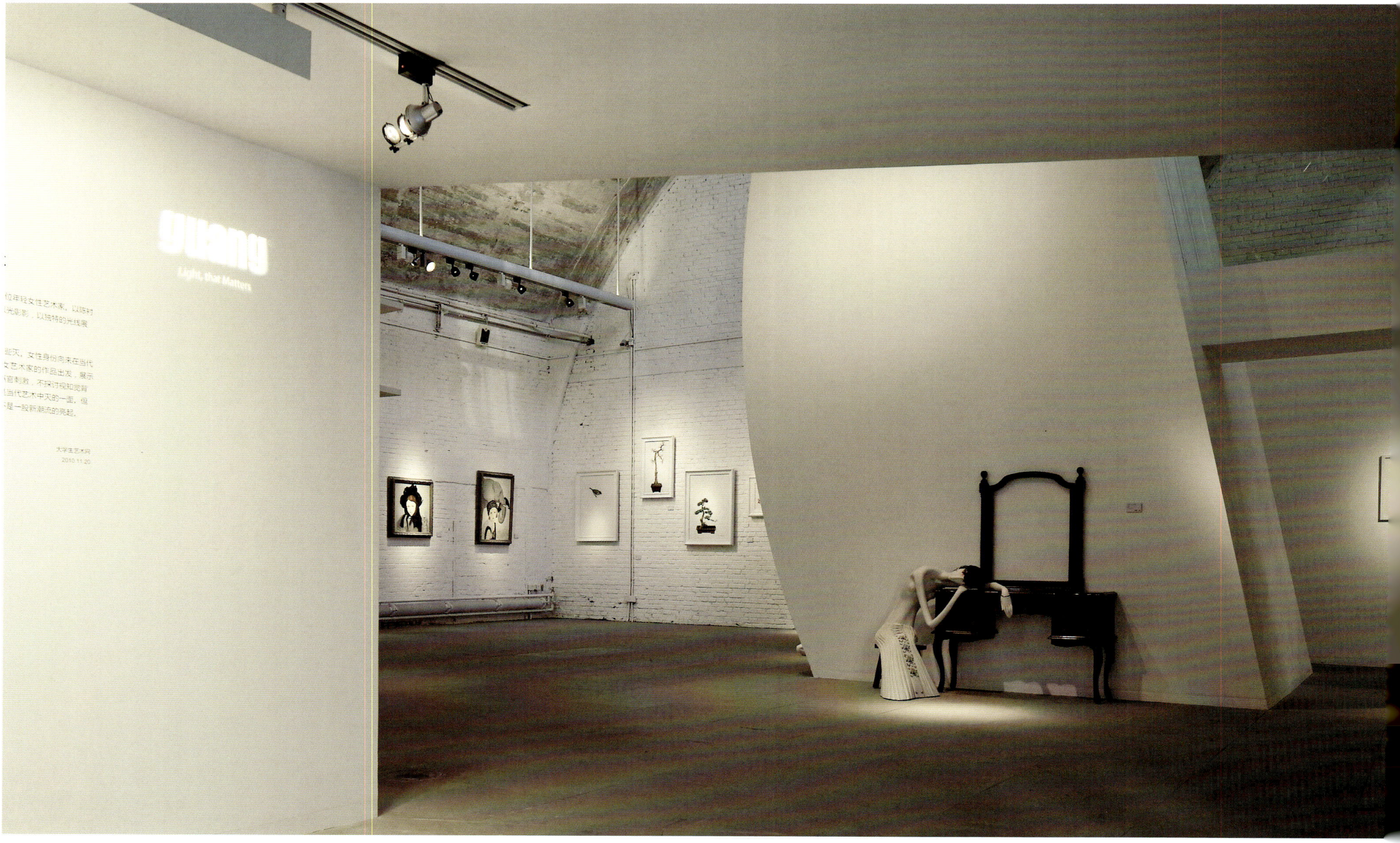
guang
Light, that Matters
大学生艺术网
2010.11.20

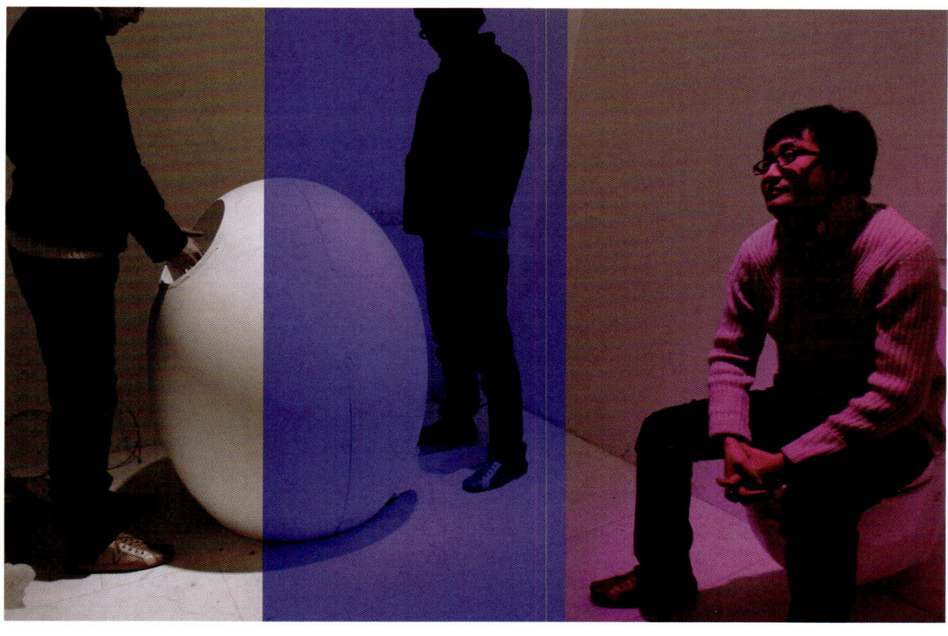

京城凯悦34、35层空中大堂

Kaohsiung Hyatt Hotel 34+35F Sky Lounge

荣获奖项 | Space Categories

最佳灯光设计提名奖

The Nomination for Best Design Award of Lighting Design

设计者 | Designer

日光照明设计顾问有限公司

Solar Lighting Design Consultant Co., Ltd.

设计说明 | Design Illustration

设计师将夜间照明主轴定位为"漫步在银河"。项目基地西眺高雄港，东瞰高雄市的完整腹地。34层的空中大堂是银河开端，夜空的星光与城市的灯火相互辉映，延伸到顶楼的星空步道，贯穿空中花园的镜面水池在夜间倒映出景观，像光描绘出的一切，形成一个"光"与"影"交错的神秘空间。

长荣凤凰酒店（礁溪）

Changrong Phoenix Hotel (Jiaoxi)

荣获奖项 | Space Categories

最佳灯光设计提名奖

The Nomination for Best Design Award of Lighting Design

设计者 | Designer

袁宗南照明设计事务所

Yuan Zongnan Lighting Design Office

设计说明 | Design Illustration

长荣凤凰酒店处于台湾东北隅的宜兰礁溪兰阳平原，坐落于丰富的自然生态空间与优美的山林溪流旁，更是温泉观光胜地。夜间整体照明设计的核心构思是在尽量不破坏绿色环境的前提下，藉由灯光设计吸引目光的同时带动周围商机，创造精致化的休闲气氛及兼具视觉美感的夜间建筑。其次，在全球变暖以及能源短缺日趋严重的情况之下，将LED绿色设计概念融合环保，再以照明时段控制达成节能，透过不同时间展现夜间建筑风貌，以“生态永续，友善环境”为优先考虑原则，让深夜的礁溪灯光回归宁静及悠闲。

美丽华酒店工作区办公室

The Mira Hotel Office

荣获奖项 | Space Categories

最佳灯光设计提名奖

The Nomination for Best Design Award of Lighting Design

设计者 | Designer

陈轩明 Arthur Chan

DPWT 设计事务所

DPWT Design Studio

设计说明 | Design Illustration

美丽华酒店工作区办公室是一个搬迁后重新设计的项目，位于在酒店地下一层。本项目旨在通过办公室的设计展示充满活力和生气的酒店气氛，并突出其活泼的现代形象。

办公室与酒店的联系在于从酒店设计中提取其风格和色彩方案，并在接待区域展现出来。优雅的吊灯、白色简洁的接待处、背景和地板、深浅调子拼接的绿色玻璃墙迎接来客进入会见室和会议室，令人印象深刻。

鉴于新办公地点在地下楼层，没有任何窗户和采光，这个隐蔽位置的限制引发出设计师的妙想，在支持区的会议室、研讨室、培训室和Mind Lab 引入森林、洞穴和海洋等"自然"空间的概念，为办公室重新演绎不同面貌的主题方案。

高雄基督教会

Kaohsiung Christian Church

荣获奖项 | Space Categories

最佳灯光设计提名奖

The Nomination for Best Design Award of Lighting Design

设计者 | Designer

日光照明设计顾问有限公司

Solar Lighting Design Consultant Co., Ltd.

设计说明 | Design Illustration

纯净、自然、节能

本案整体是以自然漫光的手法来融合清水模建筑，大量地使用背面透光的模式，来呈现不同空间的层次感。应教堂室内空间使用的属性及管理需求，结合照明控制系统来设定情境，以提升节能的效益。

主堂是以“自然光”的概念直接照射在十字架上，透过计算将光束精准地落在墙上，表达出透过神的光来传递圣洁的宗教意念。在光的计划上，外观的两座十字架，以“实”与“虚”相呼应；电梯塔顶的十字架，利用多点投射的方式来呈现丰富的层次感。

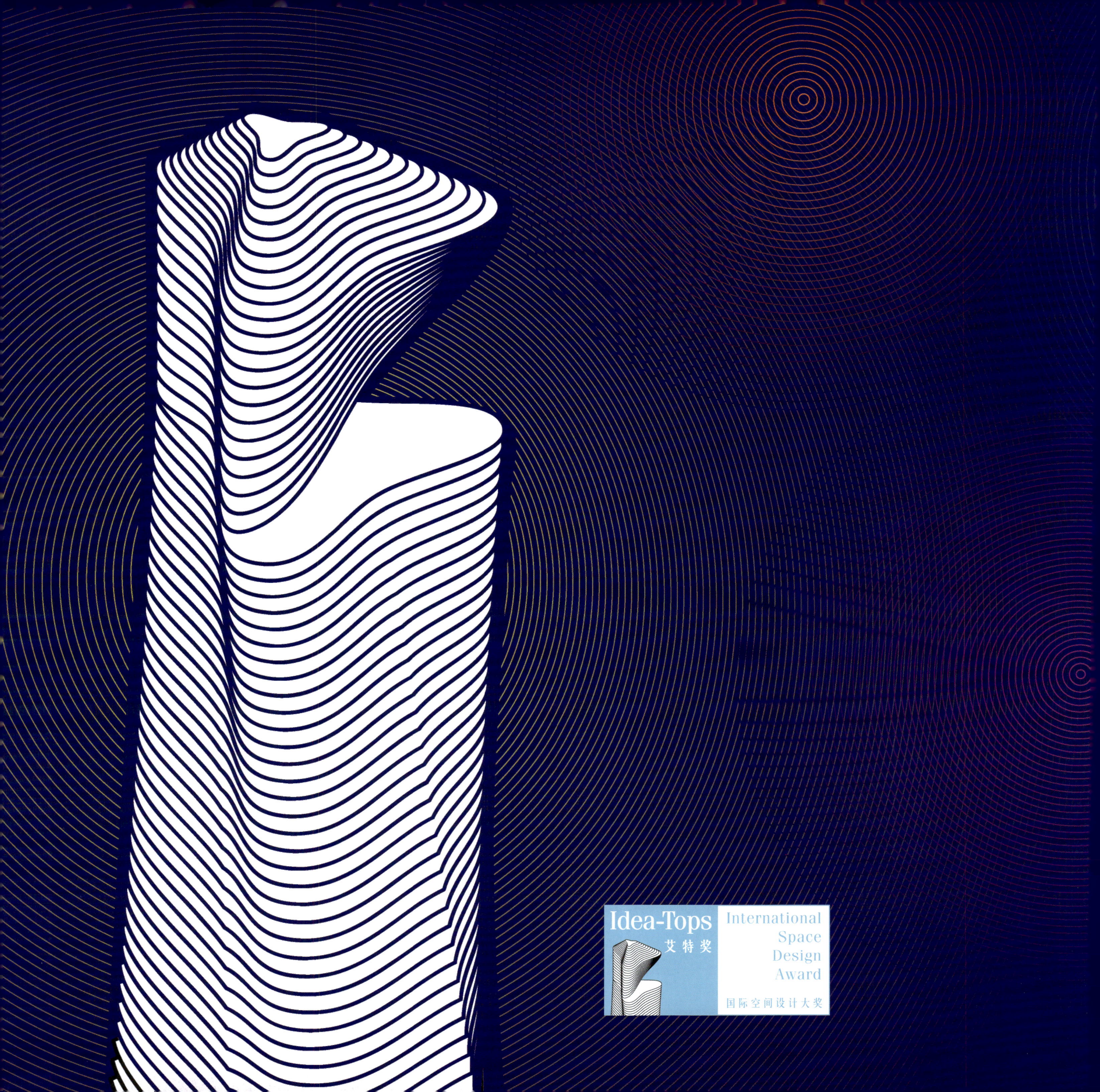
Idea-Tops
艾特奖
International
Space
Design
Award
国际空间设计大奖

2011

The Award-winning Works of Idea-Tops

2011 艾特奖获奖作品集

BEST CULTURE SPACE AWARD

最佳文化空间设计奖

泸沽湖摩梭文化演艺中心

Lugu Lake Mosuo Culture & Arts Center

荣获奖项 | Space Categories

最佳文化空间设计艾特奖

Best Design Idea-Tops Award of Culture Space

设计者 | Designer

昆明筑瀚景地装饰设计有限公司

Kunming Zhuhan Jingdi Decorated Design Co.,Ltd.

设计说明 | Design Illustration

演艺中心建筑面积近 1 200 m^2，框架结构，二层高 8.3 m，四周簇拥着摩梭形态的当地建筑群。

与其他类型建筑相比较，摩梭文化演艺中心带有传统和地域的多重文化色彩，这些丰厚的自然和人文资源都是设计构思的源泉，也是设计深入推进的原则。

摩梭文化演艺中心的室内设计，是把空间的功能划分放在首位。在充分尊重原建筑条件的基础上，在保证重点功能区块的空间位置的前提下，尽可能地将室内空间划分得更加合理、流畅，丰富空间的功能组合，赋予建筑在实际使用中更多的功能，提高建筑的商业价值。

二层在功能设置上考虑到了演艺中心日后向商业经营发展的方向，除在挑空回廊上视野最好的位置设置贵宾包厢和观演卡座外，还充分利用不利于观演的区域布置包间和茶座、酒吧等功能设施，填补非演出时间的经营空白。

评委会评语 | Jury Comment

很好地表现了该地区的地脉风土和传统文化，没有采用过多的装饰，反而把内部空间表现得富有文化内涵。——若山滋

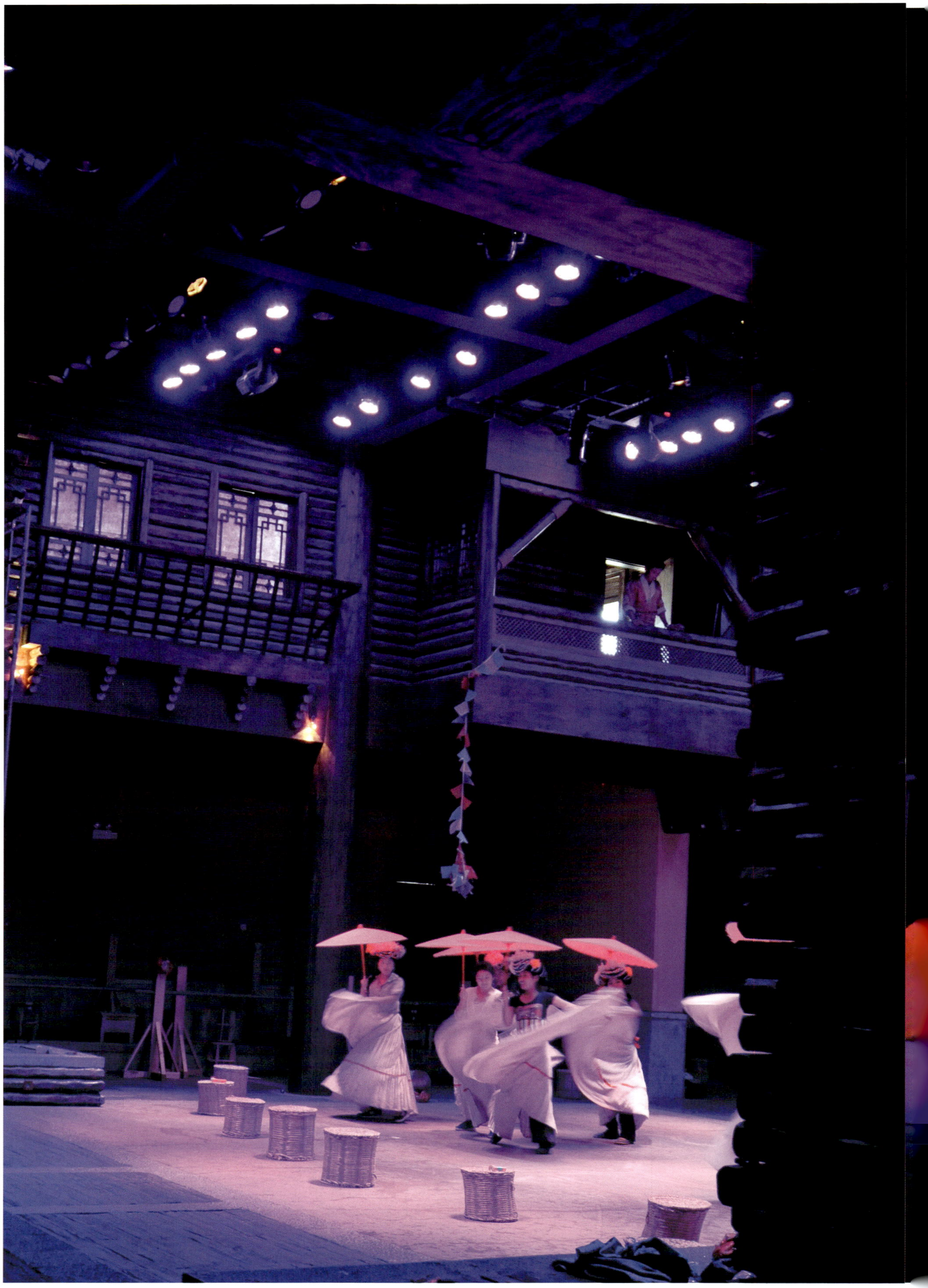

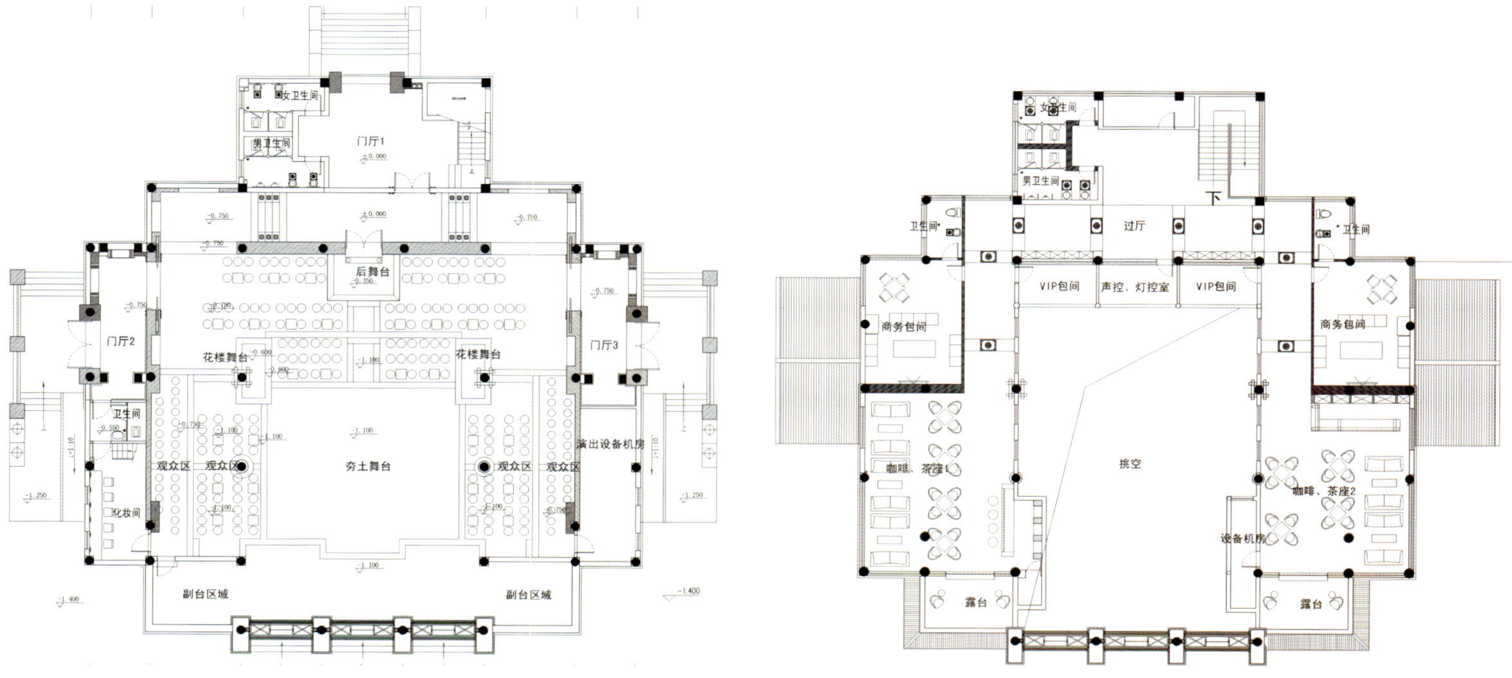

女卫生间
男卫生间
门厅1
后舞台
门厅2
门厅3
花楼舞台
花楼舞台
卫生间
观众区
观众区
夯土舞台
观众区
观众区
演出设备机房
化妆间
副台区域
副台区域
女卫生间
男卫生间
下
过厅
卫生间
卫生间
VIP包间
声控、灯控室
VIP包间
商务包间
商务包间
挑空
咖啡、茶座1
咖啡、茶座2
设备机房
露台
露台

海心沙公共区域室内设计

Hai Xin Sha Public Area interior Design

荣获奖项 | Space Categories

最佳文化空间设计提名奖

The Nomination for Best Design Award of Culture Space

设计者 | Designer

罗远翔 Luo Yuanxiang 招志雄 Zhao Zhixiong
余健威 Yu Jianwei 汤昌欣 Tang Changxin
广州市思哲设计有限公司
Guangzhou Seer Design Co., Ltd.

设计说明 | Design Illustration

该项目是亚运会开、闭幕式专用场馆。根据其功能要求，该场馆应以和谐、友谊、欢聚作为环境创作目的。

在“亚洲文化、中国特色、广东风格、广州风采”的亚运场馆设计理念的指导下，结合“绿色、人文、科技”的亚运理念，我们在场馆室内设计中主要体现了以下几个自小而大的要素：珠水、花城、岭南、中国、亚洲。

沿袭建筑设计“船”的概念，展现广州“花城”的特色，体现地处岭南的建筑元素，表达中国经典的深厚文化，融入亚洲的和谐符号，从而形成了我们这个设计方案。

我们力图通过设计工作，为提供一个对贵宾“安全、体贴”，对观众“轻松、愉悦”的盛会环境，并让宾客体验一次“独特、美妙”的广州之旅。

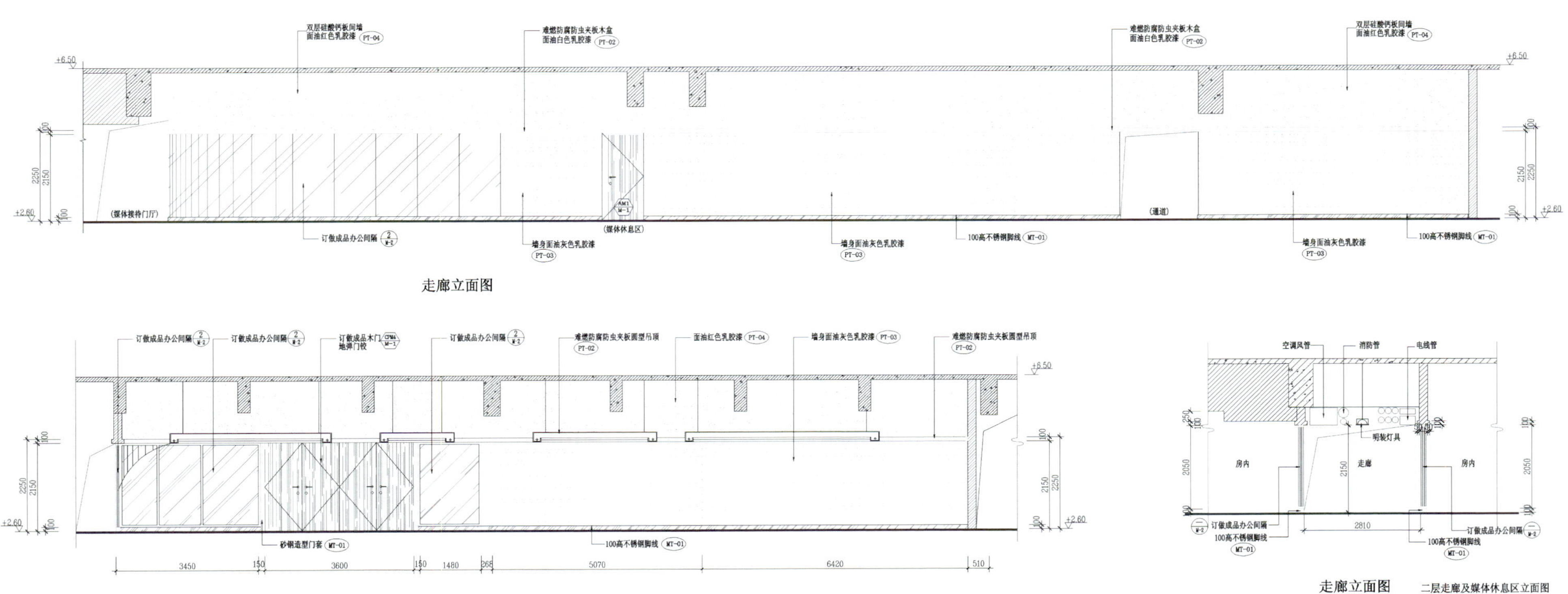

走廊立面图

二层媒体休息区立面图

走廊立面图　二层走廊及媒体休息区立面图

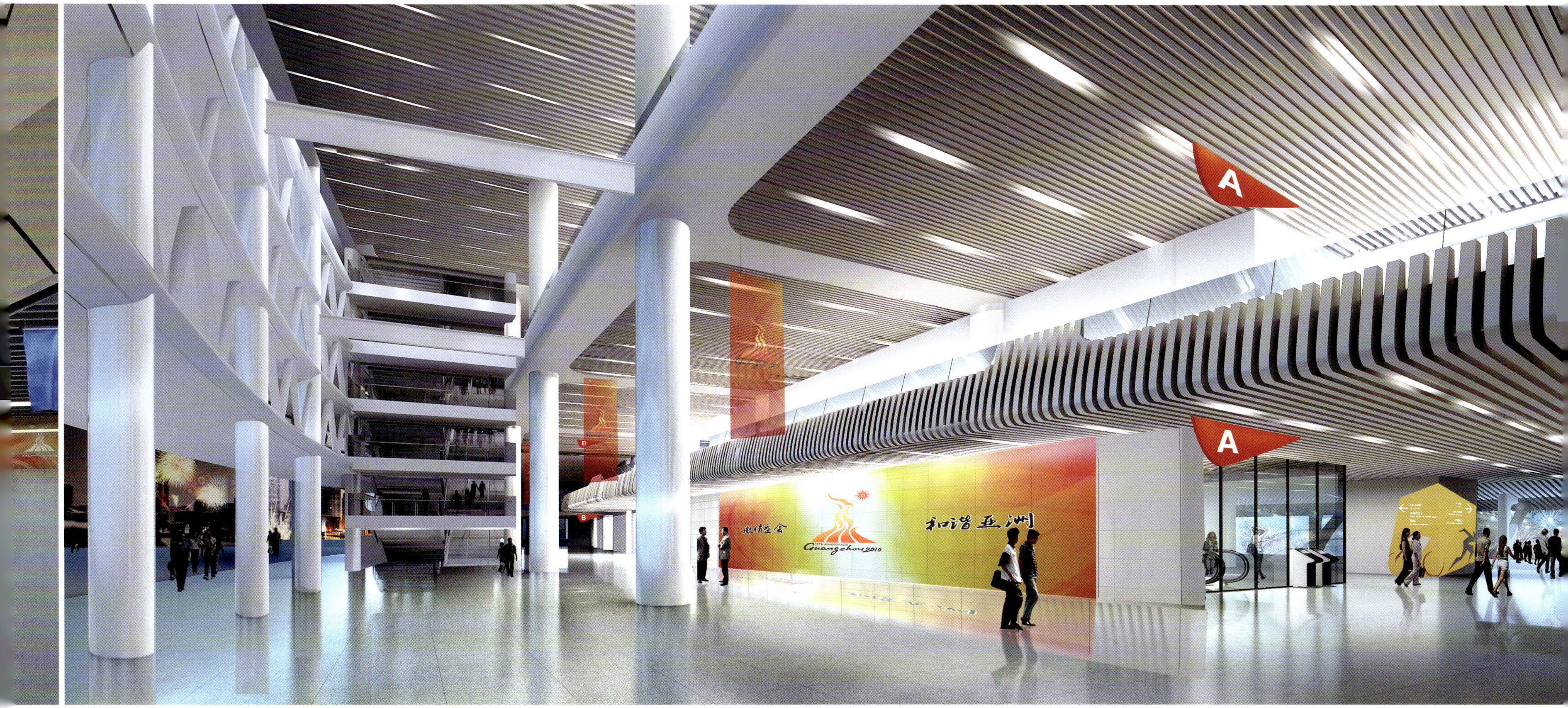

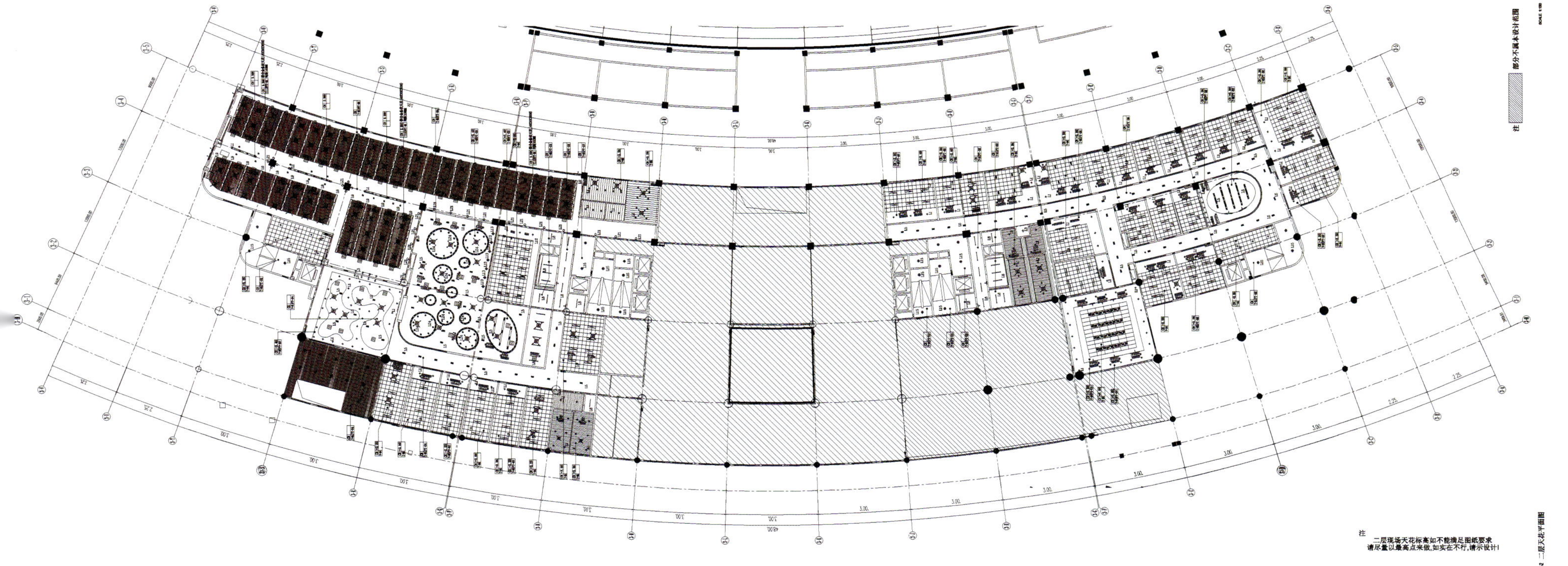
注
部分不属本设计范围
注
二层现场天花标高如不能满足图纸要求
请尽量以最高点来做,如实在不行,请示设计!
二层天花平面图

天津重庆道55号庆王府展室

Tianjin Qing Palace Exhibition Room

荣获奖项 | Space Categories

最佳文化空间设计提名奖
The Nomination for Best Design Award of Culture Space

设计者 | Designer

刘晓峰 Liu Xiaofeng
熠峰创意设计工作室
Yifeng Creative Design Studio

设计说明 | Design Illustration

本项目是天津本地真正意义上的王府，设计师将王府内部风格沿用到展室内部，讲述了王府诞生的历史以及王府主人在历史舞台上的叱咤风云。采用天光照明、中西结合的设计手法，将4.8 m高的内部空间营造成为有两层楼高的共享空间。多媒体手段弥补了展示空间的不足，将大量图文用多媒体的方式呈现给观众。天津庆王府项目是天津市重点文物修缮工程，受到市领导的高度重视。市长及国内外知名人士在此举行了多次参观活动，使其成为天津市标志性历史风貌建筑。

项目得到甲方的高度认可，并成为了天津历史研究教育基地。

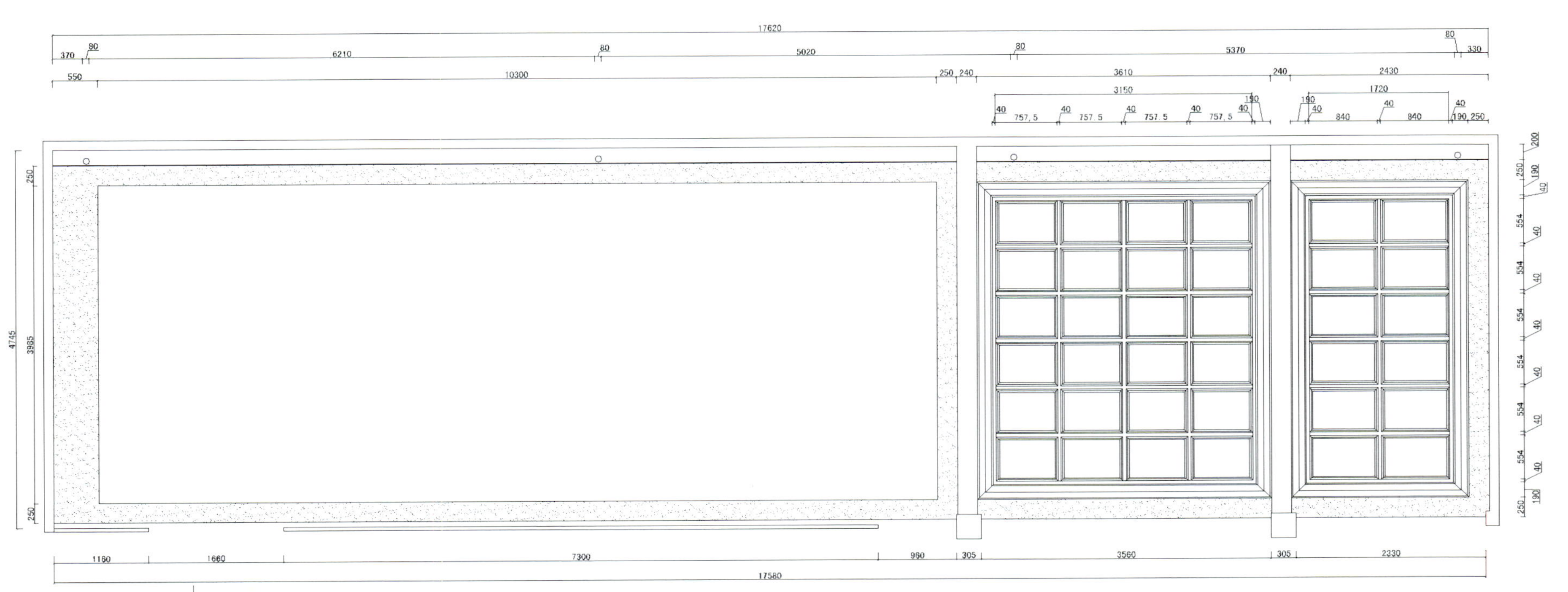
17620
370
80
6210
80
5020
80
5370
80
330
550
10300
250
240
3610
240
2430
3150
1720
40
757.5
40
757.5
40
757.5
40
757.5
40
190
190
40
840
40
840
40
190
250
4745
3965
250
250
200
250
190
40
554
40
554
40
554
40
554
40
554
40
554
40
190
250
1160
1660
7300
960
305
3560
305
2330
17580

俄罗斯文化中心

The Russian Culture Center

荣获奖项 | Space Categories

最佳文化空间设计提名奖

The Nomination for Best Design Award of Culture Space

设计者 | Designer

法布里奥 Fabrizio De

设计说明 | Design Illustration

俄罗斯文化中心坐落在北京东直门的俄罗斯大使馆附近。作为展现俄罗斯文化的一个窗口，设计师在考虑室内空间的时候，充分研究了俄罗斯的历史和现代文化，以及能够代表俄罗斯文化的颜色和建筑形式。由于造价的限制，设计师通过简洁的空间设计将各个功能区域分割，并运用便利的流线设计又将各个功能区域联系到一起。通过研究俄罗斯人的性格及与客户的沟通，设计师在各个区域使用了具有俄罗斯代表性的主题色彩来突出俄罗斯人的品味。

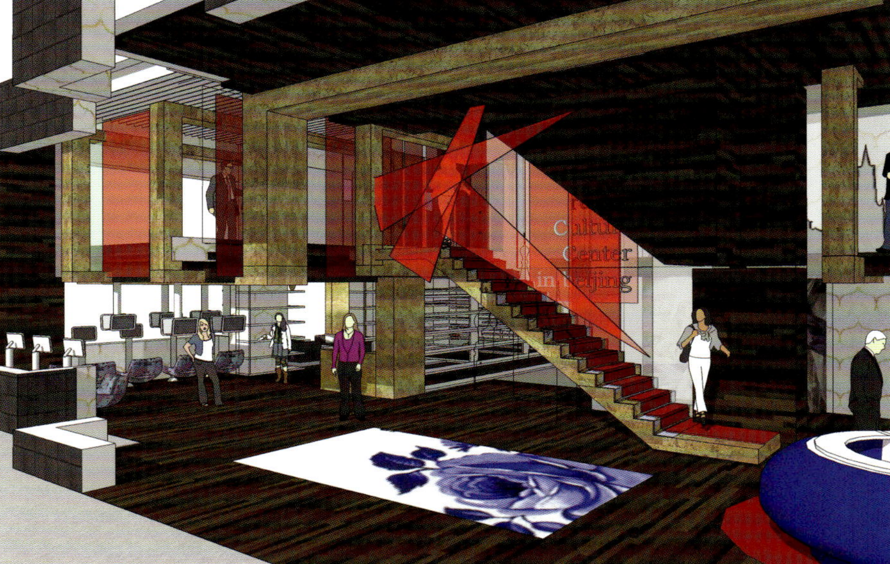

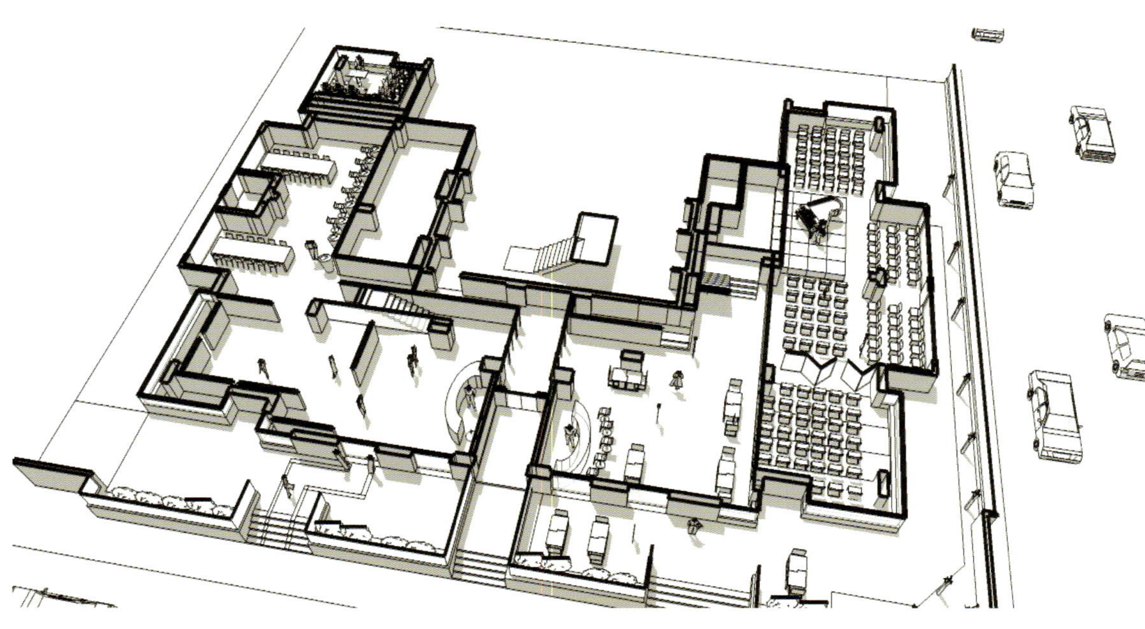

西安世界园艺博览会主体规划、主场馆

Xi'an World Horticultural Expo Main Stadium, Subject Planning

荣获奖项 | Space Categories

最佳文化空间设计提名奖

The Nomination for Best Design Award of Culture Space

设计者 | Designer

Plasma 建筑事务所 Plasma Studio

设计说明 | Design Illustration

此次世界园艺博览会在的西安市浐灞生态区举办，这里在20世纪80年代曾是一个水资源严重退化的采砂区。这次的世园会主要展示了如何利用最先进的科技、理念以及材料去解决近二十年来政府一直致力并希望解决的浐灞生态系统恢复的问题。此次世园会所带来的另一个挑战，是在中国高速城市化进程的背景下，如何创造一个可持续发展的城市模式，在自然和开放的城市空间之间创造互相进入的途径。

该项目主题被确定为"流动的空间"，在2009年的国际性开放竞赛中，由plasma建筑事务所和Groundlab景观事务所的合作设计（LAUR工作室，北京林业大学，北京建筑设计研究院，John Martin协会及伦敦Arup设计公司负责施工图的绘制）博得头筹，由此决定了流动花园的设计方案，从设计到最终建成仅用时两年。设计将充满活力又可持续发展的景观与三大标志性建筑融和成一个完整的系统，并糅合于整体设计之中。

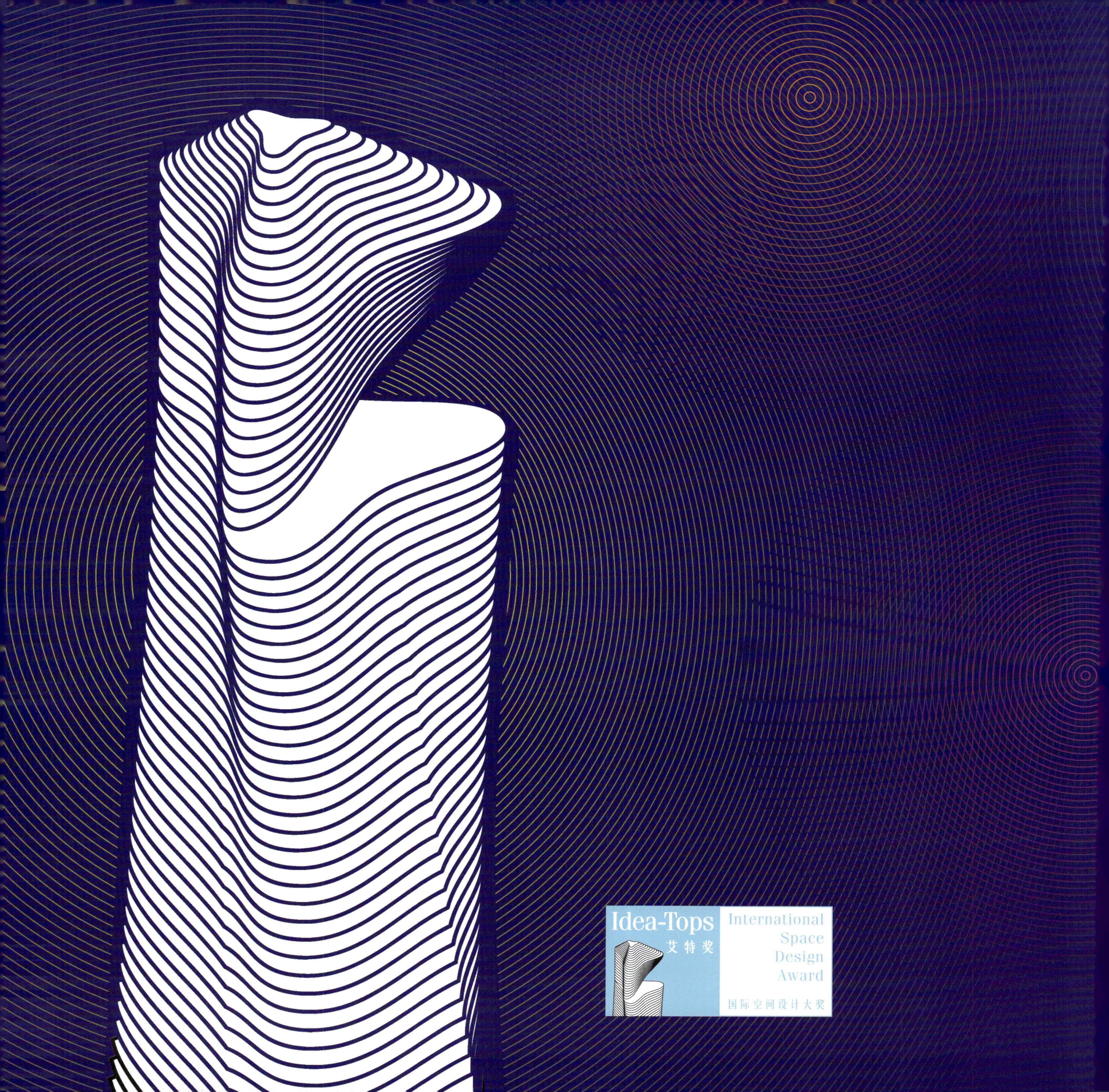

Idea-Tops
艾特奖
International
Space
Design
Award
国际空间设计大奖

2011

The Award-winning Works of Idea-Tops

2011 艾特奖获奖作品集

BEST OFFICE SPACE AWARD

最佳办公空间设计奖

深圳派尚设计公司办公空间

Shenzhen Panshine Design Company Office

荣获奖项 | Space Categories

最佳办公空间设计艾特奖

Best Design Idea-Tops Award of Office Space

设计者 | Designer

李益中 Li Yizhong

深圳市派尚环境艺术设计有限公司

Shenzhen Panshine Environment & Art Design Co., Ltd.

设计说明 | Design Illustration

在层高仅 4.8 m 的空间中构建夹层，这是个极易演变成捉襟见肘的设计，但在本案中，设计师大胆采用超薄楼板，巧妙地化解了这一尴尬。大量的白色进一步使用，打破了空间的压迫感与局促感，更增加了室内亮度并带来轻松与愉悦的办公氛围。同时，上层的挑空设计既扩大了空间的内部景深，又完美地连接了外部景观。

评委会评语 | Jude Comment

派尚设计公司的办公空间设计在看似平常的布局中，采用统一完整的色彩系统、明晰成组的空间处理，创造出了简洁静逸的工作环境。——郑曙旸

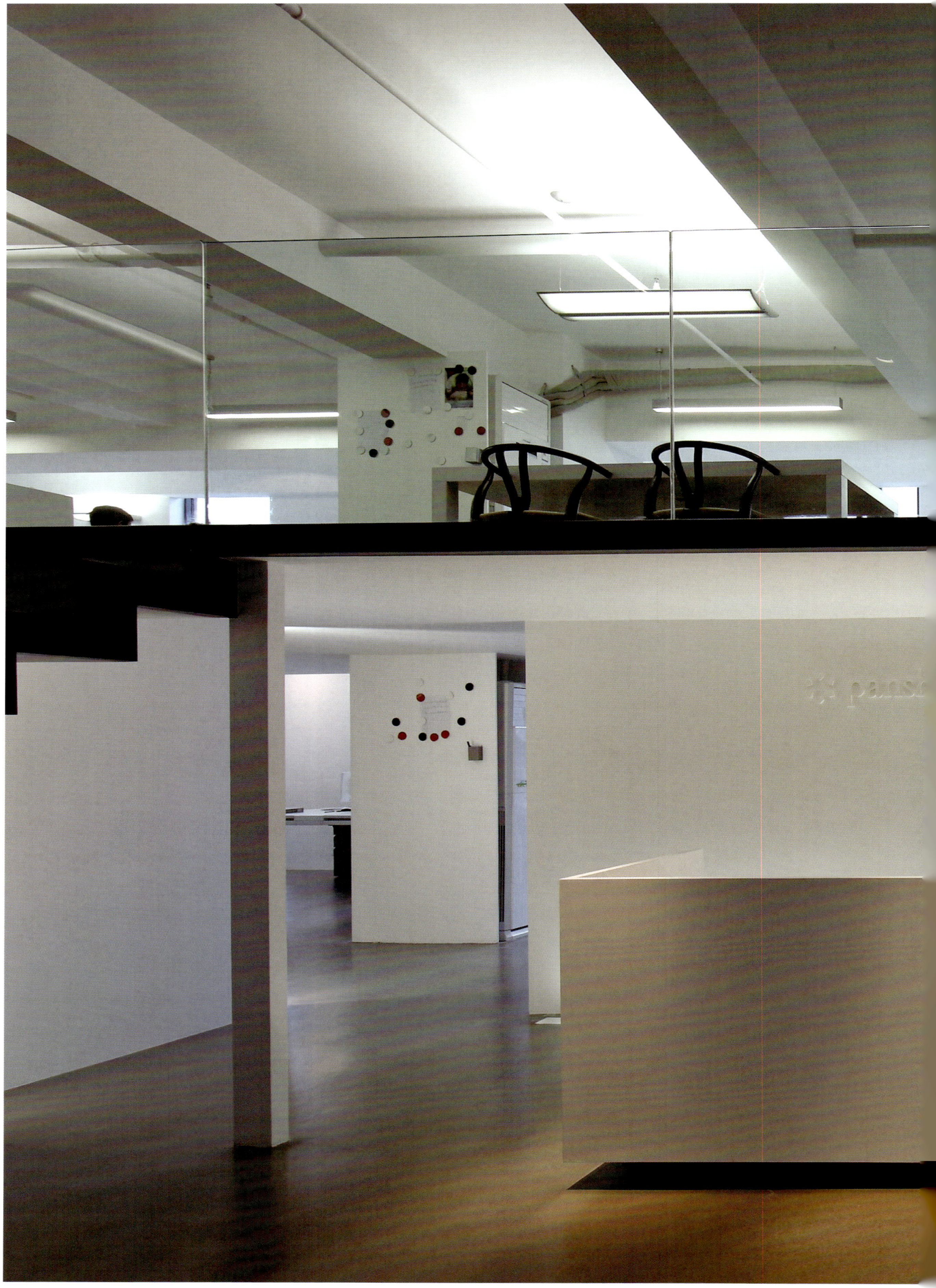

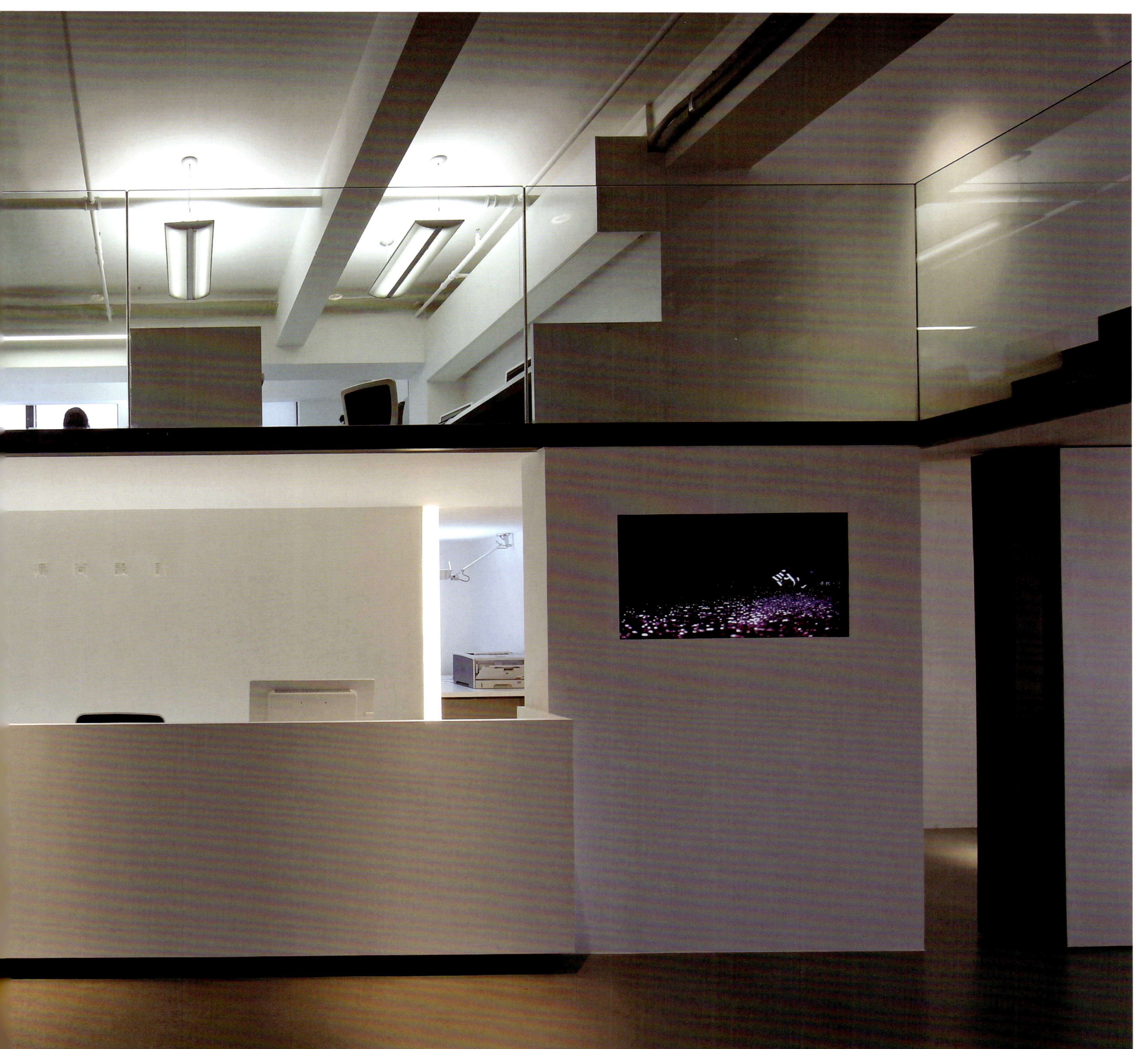

Inspired Styles

上海亚邑室内设计有限公司办公室

Shanghai Yayi Interior Design Company Office

荣获奖项 | Space Categories

最佳办公空间设计提名奖

The Nomination for Best Design Award of Office Space

设计者 | Designer

孙建亚 Alex Sun

上海亚邑室内设计有限公司

Shanghai Yayi Interior Design Co., Ltd.

设计说明 | Design Illustration

本案位于一个创意园区内，周边的绿化环境已经构成完好的生态空间，因此工作室的入口墙面采用大块的玻璃，尽可能弱化竖向阻隔，让空间通透，把绿化“导入”室内。室内工作部的空间处理也尽可能做到“无阻隔”，开放式的办公环境更有利于思维的活跃和交流。同时，我们尽可能选择环保、原生态的材料，尊重材质的本色，如使用了物美价廉的青砖片，作为墙体的表现，吊顶采用裸露的原混凝土结构。门框及书架框结构采用工厂直接出品的10 mm的厚铁板，不经任何打磨喷涂的修饰。水泥石英砂地坪及老木地板没有刻意做出旧的感觉，但在设计师的手下却做到了“用旧如旧”的效果，永久不需翻新更换材料。于是，整个空间以最质朴的方式呈现，摈弃过多的人工痕迹，还空间以本来面目，这正是我们对于可持续舒适空间的理解和诠释。

深圳市辛视设计有限公司室内设计

Shenzhen Xinshi Design Company Office

荣获奖项 | Space Categories

最佳办公空间设计提名奖

The Nomination for Best Design Award of Office Space

设计者 | Designer

辛军 Xin Jun
深圳市辛视设计有限公司
Shenzhen Xinshi Design Co.,Ltd

设计说明 | Design Illustration

本案是一家专业设计休闲娱乐场所的室内设计公司的办公区设计，坐落于中国的设计之都——深圳，其得天独厚的地域文化赋予了作品无形的魅力。

设计师把空间分为前厅接待、会议室、敞开办公区、材料部、美工制作区、生活水吧区、效果图部、人事部、行政部、财务部、总设计师办公室等区域。部门之间用玻璃作为隔断，使得各个区域之间既分隔又相连，这样的优势在于可以提高公司的管理效率和工作效率，同时也能在视觉上给人以现代感和延伸感，使得空间更加具有开阔性。

整个空间以白色为基调，将传统中国文化的元素进行局部放大或改良，通过现代的材料运用，给人一种视觉冲击，具有西方现代感的家具进行混搭，营造出了一处典型的现代办公空间。舒适、自然、休闲、高效，在这里都可以得到呈现。

辛視設計
XIN SHI DESIGN

一信（福建）投资办公室

Yixin(Fujian) Investment Office

荣获奖项 | Space Categories

最佳办公空间设计提名奖

The Nomination for Best Design Award of Office Space

设计者 | Designer

何华武 He Huawu

福建国广一叶建筑装饰设计工程有限公司

Fujian Guo Guang Yi Ye Design Engineering Co., Ltd.

设计说明 | Design Illustration

本案是一家房地产开发投资公司的办公室，面积约2 000 m^2，由于该公司业务涉及建筑与房地产，因而办公室的设计以体现强烈的建筑感为主。在人、环境、建筑、空间之中寻找出设计主线，彰显自然的建筑美感。跃层式的建筑和环绕着中庭的楼梯，透过人与空间的互动因子，拉近生活与工作之间的距离。活力、创新、时尚、独特是公司始终坚持的理念，这在前台与公共区域的设计上均有体现。具有强烈造型感的前台与折线形的中庭楼梯的巧妙地结合，在视觉上形成一个由点、线、面组合而成的多维几何空间，让整体空间充满几何造型的美感。加上前台柜子的序列导向感与楼梯的不同形状塑造出折形的力度，展现出一种健康与积极的空间语言，更具独特、时尚、创新的空间视觉延伸感，让人们一走进大堂就能立刻感受到积极向上的企业文化。

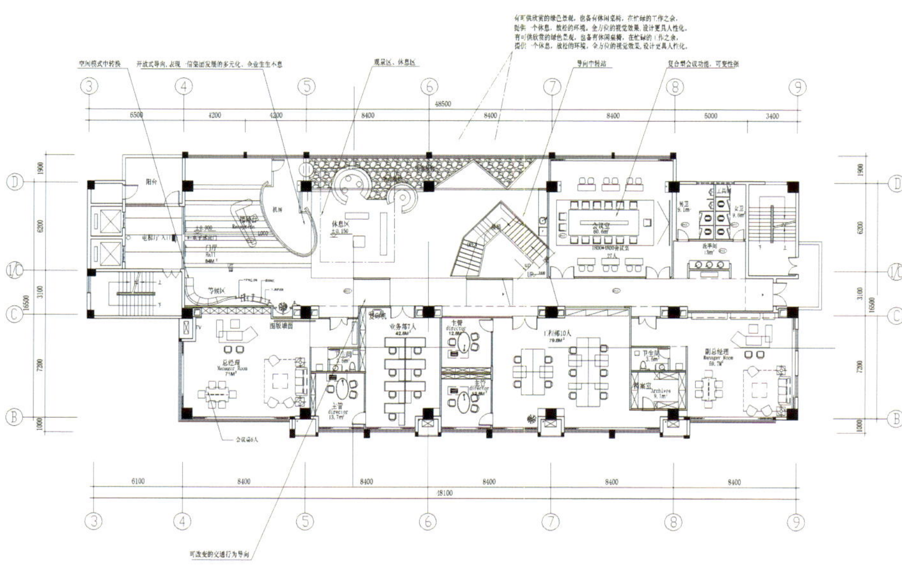

CMA CGM 一信集团总部一层布置图 1:100

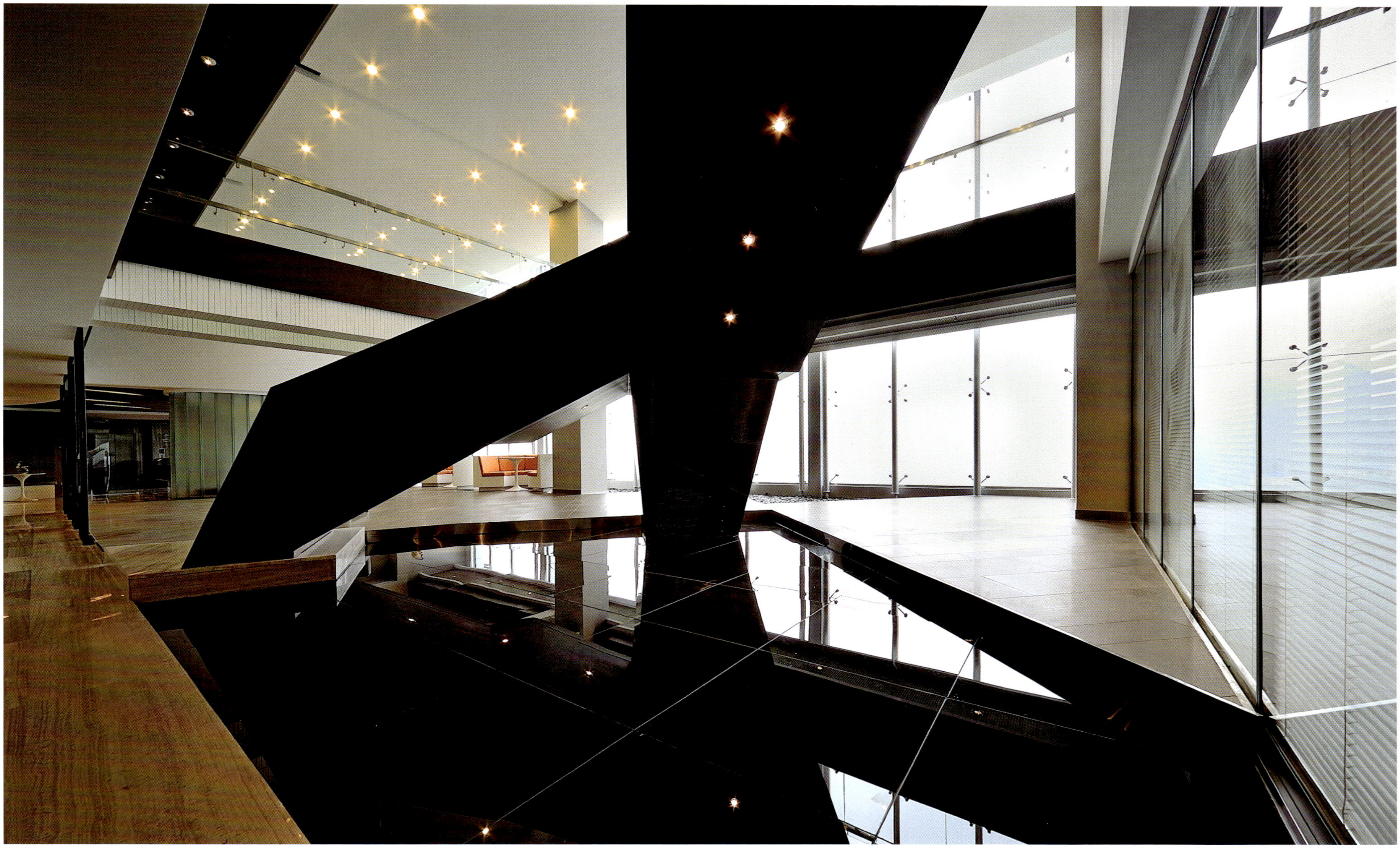

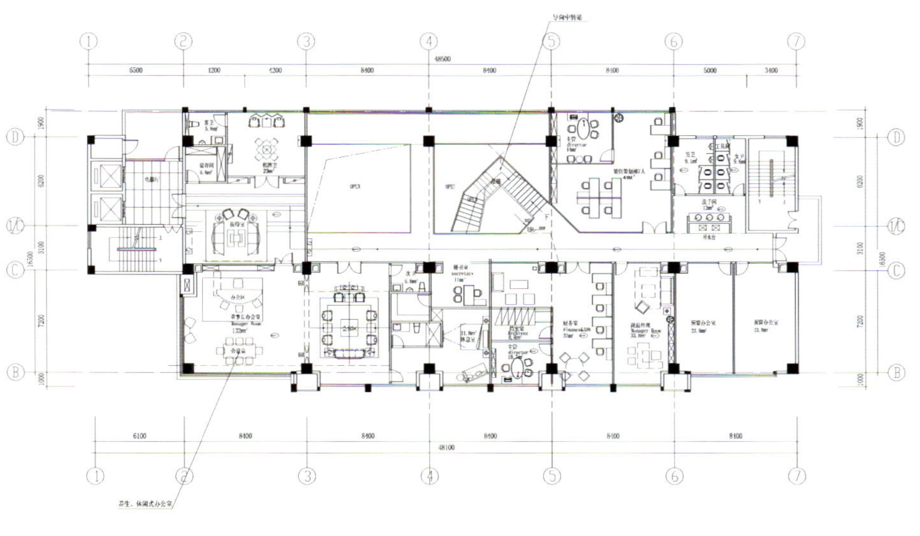

CMA CGM 一信集团总部二层布置图 1:100

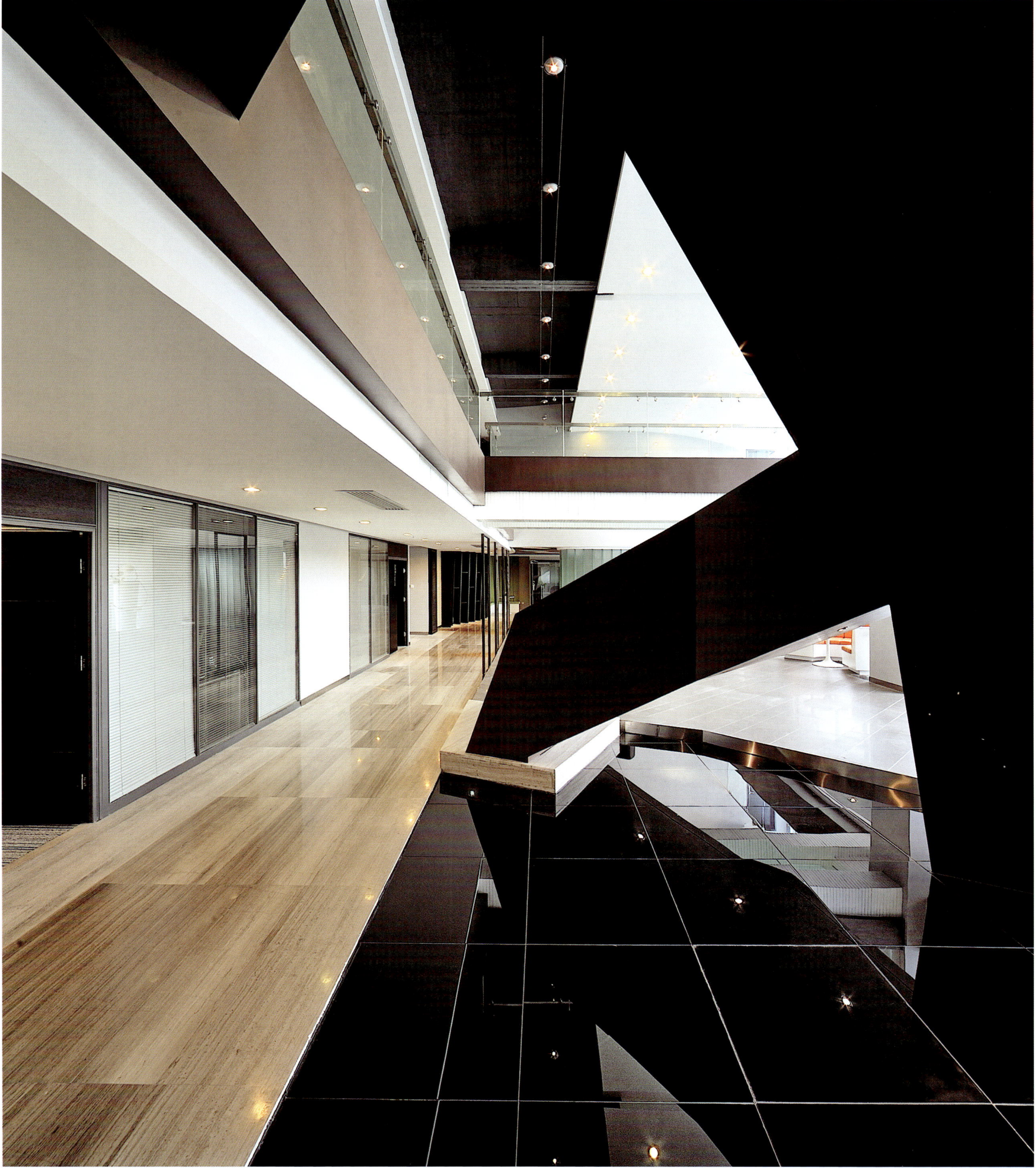

万科地产（重庆）办公楼

Vanke Chongqing office

荣获奖项 | Space Categories
最佳办公空间设计提名奖
The Nomination for Best Design Award of Office Space

设计者 | Designer
深圳矩阵纵横室内设计公司
Shenzhen Matrix Interior Design Company

设计说明 | Design Illustration
办公楼的设计和业主要求息息相关，本案业主为万科地产（重庆）有限公司，因此也秉承万科一贯倡导的企业文化。在项目之初的沟通中，环保节能、无污染、舒适、建筑感等关键词是我们做设计的出发点，在选材和施工工艺上更为精益求精。

Vanke

Ⓐ 設計布品室
Ⓑ 公司檔案室
Ⓒ 機房
Ⓓ 行政儲藏室
Ⓔ 小會議室一
Ⓕ 小會議室二
Ⓖ 小會議室三
Ⓗ 小會議室四
Ⓘ 總監室
Ⓙ 水吧休閒區
Ⓚ 工程與采購管理部（裝修、景觀）
Ⓛ 客戶體驗中心
Ⓜ 設計管理部
Ⓝ 文印區
Ⓞ 女衛
Ⓟ 男衛

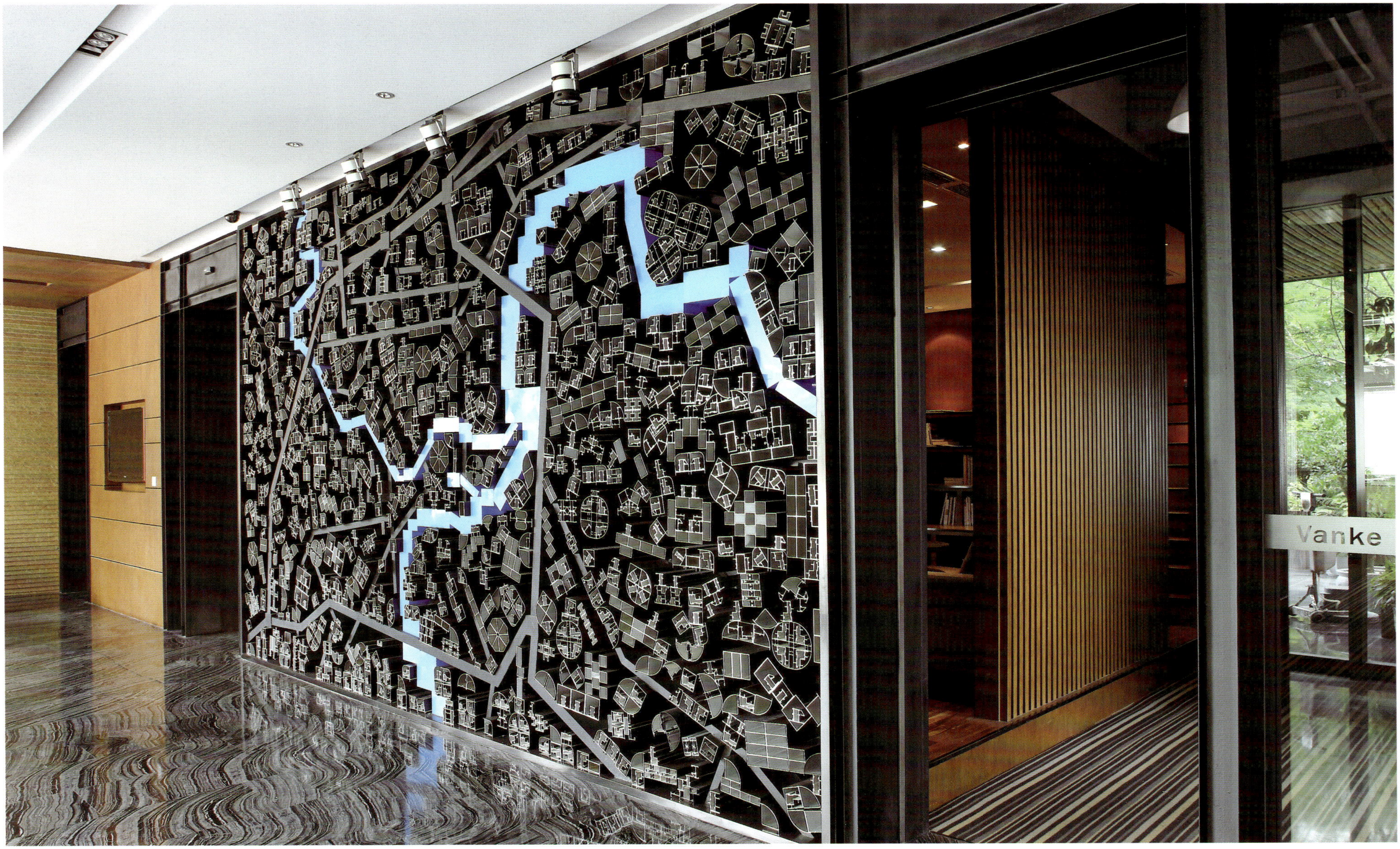

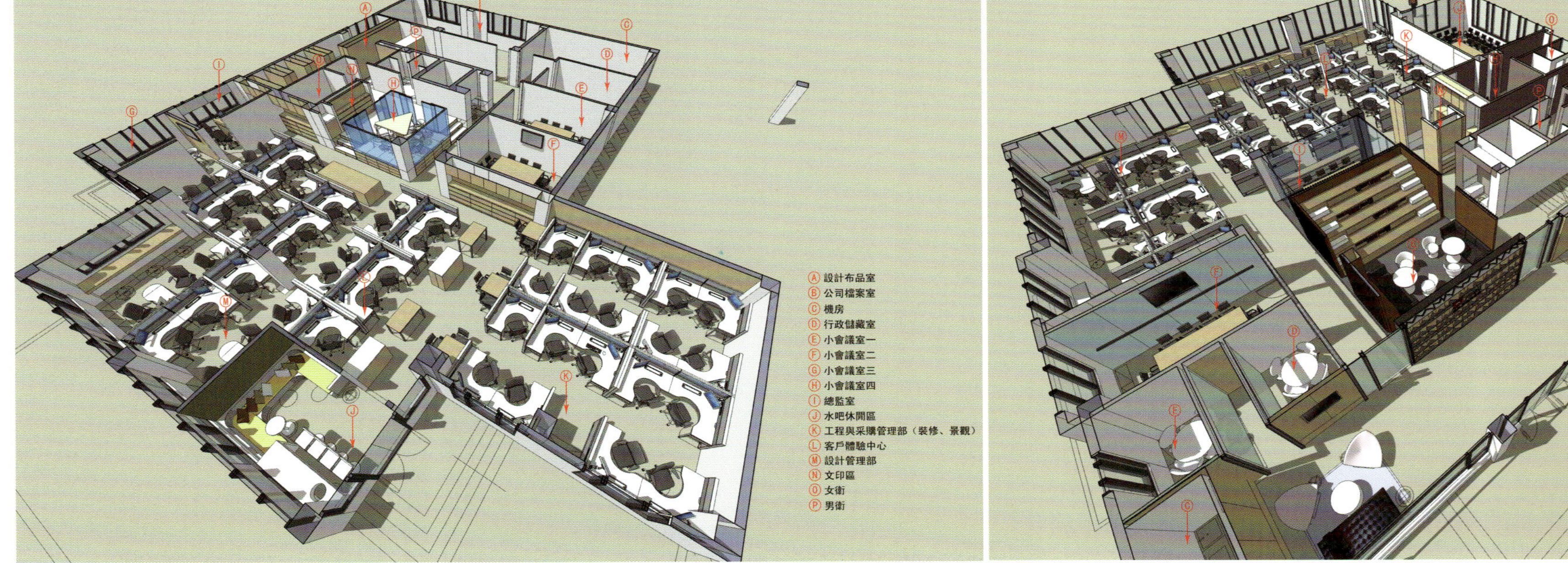

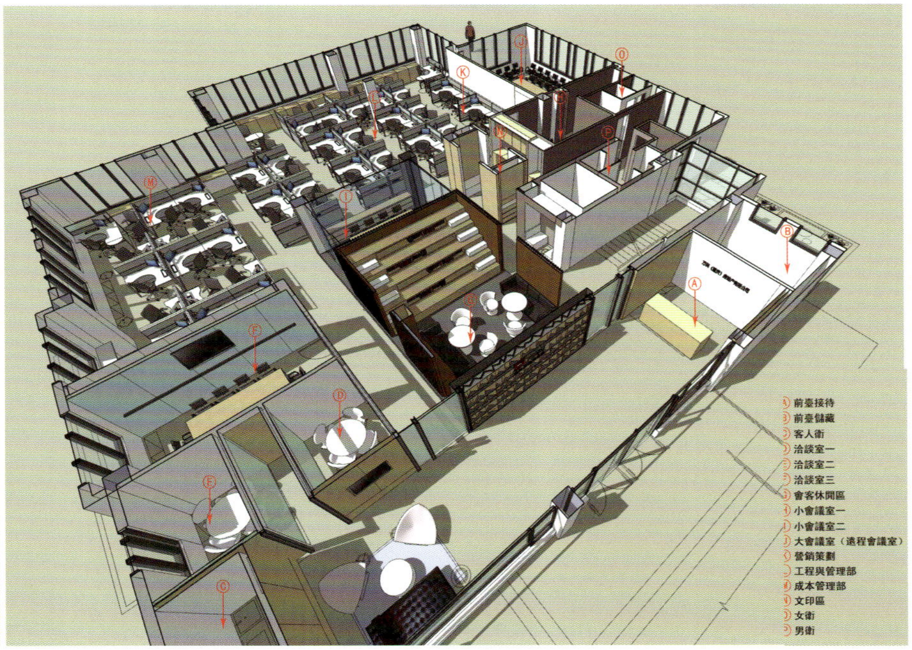

前臺接待
前臺儲藏
客人衛
洽談室一
洽談室二
洽談室三
會客休閒區
小會議室一
小會議室二
大會議室（遠程會議室）
營銷策劃
工程與管理部
成本管理部
文印區
女衛
男衛

安全出口
EXIT